感谢国家自然科学青年基金项目（No.71601148）、
广东省普通高校人文社科重点研究基地（2018WZJD007）以及
广东金融学院优秀青年博士科研启动项目的资助。

碳减排
政策选择及评估

刘翔 ◎ 著

U0292462

知识产权出版社

全国百佳图书出版单位

—北 京—

图书在版编目（CIP）数据

碳减排政策选择及评估/刘翔著. —北京：知识产权出版社，2021.6
ISBN 978 - 7 - 5130 - 7405 - 6

Ⅰ.①碳… Ⅱ.①刘… Ⅲ.①二氧化碳—排气—研究—中国 Ⅳ.①X511

中国版本图书馆 CIP 数据核字（2021）第 013801 号

责任编辑：江宜玲　　　　　　　　　　　责任校对：谷　洋
封面设计：回归线（北京）文化传媒有限公司　责任印制：孙婷婷

碳减排政策选择及评估

刘翔　著

出版发行：知识产权出版社有限责任公司		网　　址：http://www.ipph.cn	
社　　址：北京市海淀区气象路 50 号院		邮　　编：100081	
责编电话：010 - 82000860 转 8339		责编邮箱：jiangyiling@cnipr.com	
发行电话：010 - 82000860 转 8101/8102		发行传真：010 - 82000893/82005070/82000270	
印　　刷：三河市国英印务有限公司		经　　销：各大网上书店、新华书店及相关专业书店	
开　　本：720mm×1000mm　1/16		印　　张：13.5	
版　　次：2021 年 6 月第 1 版		印　　次：2021 年 6 月第 1 次印刷	
字　　数：220 千字		定　　价：78.00 元	

ISBN 978 - 7 - 5130 - 7405 - 6

前　言

近年来，因 CO_2 过量排放带来的全球气候变暖问题引发了世界的极大关注，也推动发展低碳经济成为全球经济转型的潮流。为推动 CO_2 减排，我国于 2007 年首次提出发展低碳经济，并分别提出了 2020 年、2030 年的碳排放控制目标，致力于实现碳减排与经济发展双赢。理论分析与实践经验表明，基于市场的环境经济政策工具是实现这一战略目标的首选之策。

为在科学分析低碳经济发展现状的基础上选择合适的碳减排政策，以更好地推动碳减排及低碳经济发展，本书首先阐述了碳减排问题的经济学基础，进而从理论上总结并提出了基于庇古税理论的碳税和基于科斯定理的碳排放权交易（以下或简称为"碳交易"）政策的作用机理分析框架，从实践上对国内外碳税与碳排放权交易政策的实施进展与经验进行了总结分析。然后构建模型，从碳减排效率和碳减排潜力两个角度对低碳经济背景下我国不同地区碳减排的特征进行了深度分析，并分别对碳税和碳排放权交易的政策效果进行了模拟评估。最后，以武汉市为例，在分析武汉市低碳经济发展现状的基础上，综合考虑碳税与碳交易政策的适用特征，初步探讨了武汉市碳减排政策工具的选择。全书具体内容与结论包括以下四项。

（1）基于碳减排效率和碳减排潜力的中国碳减排及低碳经济发展现状研究表明，自 2007 年提出发展低碳经济以来，我国碳排放总量的增长速度得到有效控制，但碳减排效率在"九五"到"十一五"期间有所下滑，直到"十二五"初期略有回升，不同地区间的碳减排效率和碳减排潜力差异明显，因此各地在低碳经济的实施路径与政策选择上需要差别对待。北京、天津、上海、广东、海南、青海、江苏、重庆 8 个地区的碳减排效率处于效率前沿面，而贵州、山西受制于对能源高度依赖的产业结构，因此碳减排效率比较低。整体来看，除青海外，高效率地区都集中在东部，低效率地区则集中在大部分西部地区的省份。基于可减排规模、相对减排潜力以及减排重要性三个角度的评估表明，河北、山东、山西、内蒙古、河南、辽宁应是 CO_2 减排的重点区域，山西、河北、新疆、内蒙古、陕西等地碳排放控制存在极大的改善空间，是 CO_2 减排重点关注的区域。而基于低碳经济试点地区湖北省武汉市的分析则表明，在初期，强有力的政策支撑将有力推进低碳经济建设，然而从长期来看，市场化的手段与方式才能真正决定低碳经济建设推进的深度与广度。

（2）基于投入产出理论与能源替代理论的碳税效果评估表明，碳税的实施能够快速有效地降低我国碳排放总量，但在短期也会对我国经济发展造成一定的冲击，不过冲击的负面作用将逐步降低。从对 GDP 产出影响来看，部门四（电力、煤气及水的生产和供应业）是受碳税影响最大的部门，其次分别是部门六（交通运输、仓储和邮政业）和部门二（采掘业），受碳税影响最小的部门则是部门三（制造业）和部门八（其他行业）。从碳减排效果来看，碳税对部门三的 CO_2 排放影响最明显，对部门二和部门一有较大影响，对部门四和部门八的影响相对较小。此外，更高的税负水平将推动碳排放绝对值及碳排放强度下降更快，但也将更大限度地对经济造成影响，使得碳减排的成本迅速上升。因此，循序渐进地实施碳税，通过合理地设置税负水平以及适当的税费分配方式来实现碳减排和经济发展的均衡应该成为碳税制度设计的核心要求。

（3）基于 Multi - Agent 的碳排放权交易仿真模型的分析结果表明，在零交易成本的假设下，碳交易政策能够有效降低 CO_2 排放量。而基于不同配额分配机制的比较研究则表明，混合分配机制下低强度配额递减方案的单位碳排放成本最小，能够同时实现达标排放和经济发展受损最小的双赢目标。在考虑边际减排效果和减排成本的条件下，碳排放配额的下降速度存在一个有效区间，过快的配额降低速度不一定能实现最优的 CO_2 减排。因此，考虑到我国控制碳排放以及发展经济的双重任务，有必要采用混合分配的碳配额分配机制，而且在初期应当采取相对宽松的配额总量政策并适当提高免费分配的比例。

（4）从碳减排效果、减排成本及其经济社会效益影响三个角度对比碳税和碳交易的政策效果，可以发现：①碳税与碳交易对不同经济部门的碳减排效果存在明显差异。在碳税机制下，减排效果与该部门的绝对排放量密切相关，而在碳交易机制下，减排效果则与该部门的减排成本联系更为密切。这表明，在制定碳减排政策的过程中，需要考虑到行业的差异性，在差异化或统一的政策框架下，针对特定的行业出台相应的辅助与支持政策。②从减排成本来看，在碳税与免费配额分配的碳交易制度下，整体的单位碳减排成本在样本期内呈下降趋势。不过，随着税率水平（配额下降强度）的提高，单位碳减排成本将有所上升，且呈加速上升态势。而且，各个行业的单位碳减排成本在碳税和碳交易机制下的表现也比较一致。在单位碳减排成本相差不大的条件下，拥有较低交易成本的碳税政策相较于碳交易政策更具有优势。③从经济社会效益来看，征收碳税对经济总量的影响呈下降态势，且税率水平越高，GDP 的绝对损失量也越高，但损失量的增加率逐步降低。而在碳交易机制下，随着碳排放配额总量的逐年下降，实现达标排放所需要的经济支出呈线性增长的态势，且随着减排强度的加大，所有行业的减排支出也在不断上升，而且呈加速上升态势。综上可以看出，出于维持经济发展以及控制减排成本的需要，较低的碳税税率水平设置和免费配额分配制度下的低强度减排要求是以较小的经济成本实现碳减排效果最优的基础条件。

需要说明的是，本研究针对中国碳排放的数据都是基于传统能源数据的推算，收集的是省市层面和行业层面两个维度的细分能源统计数据。我国统计部门尤其是各省市统计部门所公布的细分能源消耗数据一般存在 3 年左右的滞后期，这不可避免地导致本研究所采用的基础数据存在一定的滞后期。因此，为了保证本研究数据的可靠性，我们进行了大量的数据对比和校对工作。这包括利用世界银行等机构的国家层面的统计数据进行总量对比，与其他学者所出版书籍、论文等提供的数据进行结构对比等。

实际上，自 2013 年我国首次明确碳排放强度的减排目标，2014 年首次提出碳达峰目标以来，中国推进碳减排的步伐在逐步加快。2017 年，中国提前 3 年完成到 2020 年实现单位 GDP 碳排放强度比 2005 年下降 45% 的承诺；2020 年，中国明确提出 2030 年前碳达峰和 2060 年前碳中和的目标。中国推进碳减排的速度、决心和信心都超过世界的期待。

在本书提交出版社之后，尽管最新的相关数据因为统计口径、公告标准等变化，在纵向比较上存在一定的难度，但我们尽可能地收集相关数据进行了一系列的侧面论证和分析，它们都表明本研究中的主要结论依然成立，其分析的思路和提供的建议仍然具有较好的价值。我们也跟踪分析了近期有关全球及我国碳排放新趋势、新特征的相关学术论文和研究报告，绝大部分的结果与我们的研究也比较一致。因此，对于碳排放、碳减排、碳交易等领域的相关学者、政府工作人员而言，本书的研究方法、政策建议依然具有较好的参考价值。

当然，作为一直从事碳交易、碳减排等相关领域研究的学者，我们也将持续跟进本领域的最新进展，也期待与大家通过邮件（liuxiang@gduf.edu.cn）有更多、更及时的沟通和探讨。

目　录

第1章 绪论

1.1 研究背景与意义

1.1.1 研究背景

近年来，因 CO_2 过量排放带来的全球气候变暖问题引发了世界的极大关注，也推动发展低碳经济成为全球经济转型发展的潮流，得到了国际社会的广泛支持。我国于 2007 年首次提出发展低碳经济，并分别提出了 2020 年、2030 年的碳排放控制目标，致力于实现碳减排和经济发展的双赢。理论与实践分析表明，以碳税和碳交易为代表的基于市场的环境经济政策手段是实现低碳经济发展模式的首选之策。我国不同地区间经济发展与碳减排的基础与需求存在一定差别，在科学分析低碳经济背景下不同地区碳减排现状与问题的基础上，通过对碳税与碳交易政策的政策效果适用性进行分析，选择合适的政策工具促进低碳经济发展、推进碳减排成为决策者和学者共同关注的焦点[1]。

1. 全球气候变暖趋势加快，碳减排压力不断上升，碳减排和低碳经济成为全球关注的焦点

近年来，气候变暖成为全球关注焦点，政府间气候变化专门委员会（Inter - governmental Panel on Climate Change，IPCC）第五次评估报告指出[2]：1880 年到 2012 年，全球平均地表温度升高了 0.85℃，且呈线性上升趋势，预计到 21 世纪末，全球气温将比前工业时代（1850 年到 1900 年）至少上升 1.5℃。气候变暖使得全球平均海平面从 1901 年到 2010 年上升了 19 厘米，冰川融化的

速度也明显加快，并因此导致地球极端天气增加，给人类带来严重灾害。导致气候变暖的原因是大气中温室气体浓度的增加，尤其是 CO_2 的过度排放。IPCC指出，自前工业时代以来，大气中 CO_2 浓度增加了 40%。

尽管国际社会一直在努力，但当前全球变暖的脚步并未显著放缓。2020年3月10日，联合国发布《2019年全球气候状况声明》（以下简称《声明》）指出，2019年是有记录以来温度第二高的年份，2015年至2019年是有记录以来最热的5年；2019年结束时，全球平均温度比估计的工业化前水平高出1.1℃。气候变暖趋势加快的原因仍然在于温室气体的排放。《声明》指出，2018年温室气体浓度创新高，CO_2 的浓度为 407.8±0.1ppm。而且，使用2019年前三季度的数据对全球化石燃料产生的 CO_2 排放量的初步预估表明，2019年的排放量将增长 0.6%（范围在 -0.2% ~ 1.5%），气候变暖日趋严重。IPCC指出，人类生产生活与近50年气候变化的关联性达到了90%。

自1992年起，联合国就一直致力于推动全球碳减排工作。1992年5月，联合国会议通过了《联合国气候变化框架公约》（United Nations Framework Convention on Climate Change，UNFCCC），并从1995年起每年举办联合国气候变化大会来商讨全球碳减排工作安排。2019年11月以来，尽管美国退出《巴黎协定》对全球共同推进碳减排造成了一定的冲击，但在联合国的大力推动下，加快推进碳减排以应对气候变暖依然是全球主流共识。2019年12月，在马德里召开的联合国气候变化大会上，全球主要国家召开了《联合国气候变化框架公约》第二十五次缔约方大会，致力于推进和敦促各国提升减排目标，并努力实现《巴黎协定》的减排承诺目标，以应对气候变暖带来的严峻考验。在中国和欧盟的积极响应和带领下，碳减排再次成为全球关注的焦点。

在此背景下，英国在《我们能源的未来：创建低碳经济》白皮书中提出的低碳经济模式，受到了国际社会的广泛关注。所谓低碳经济，就是以低能耗、低污染为基础的经济，是在发展中排放最少量的温室气体，同时获得整个社会最大产出的经济发展模式。如今，全球各国均意识到推动碳减排、发展低碳经济所带来的巨大社会经济影响，并积极开展了碳减排行动[2]。

2. 基于市场的环境经济政策手段是实现碳减排与经济发展双赢的首选之策

推动和促进低碳经济的发展，实现碳减排，主要存在命令—控制型的行政手段和基于市场的环境经济政策手段。前者具有强制性，能快速地推动措施落实进而实现政策目标，但实施的社会成本较高；后者则是通过市场的激励作用进行资源在不同所有者之间的调整与再分配，具有行为激励和资金配置两大功能。

环境是典型的公共资源，具有明显的非排他性和非竞争性，很容易产生"搭便车"行为，导致公共资源过度使用。环境保护与治理属于公共物品，具有很强的外部性。从新制度经济学的视角来看，环境保护与治理既需要政策引导与要求，也离不开市场机制的激励。国内外的实践表明，纯粹行政手段的社会成本过高，在有些领域的作用也十分有限。因此，决策者开始重点研究和运用成本更低、更有效、不阻碍甚至能够刺激经济发展的环境经济政策，包括财政补助或奖励、税收减免、信贷优惠、排污权交易等。环境经济政策通过市场化的交易既可以对企业的环境行为进行约束，也能对这一约束行为进行一定的补偿激励，保证政策的效果。目前，环境经济政策已成为国际社会解决环境问题的首选之策，从效果上看，这些政策对遏制环境污染更为有效，所付出的经济成本代价也更小，成为环境资源管理的有效手段。理论分析和实践经验都表明基于市场手段的环境经济政策是有效实现环境治理与资源管理的长效机制，其中，最有效的就是碳税和碳交易两种政策工具。

在实践层面，世界银行数据显示，自北欧国家芬兰、丹麦、挪威及瑞典早在 20 世纪 90 年代就开征碳税以来，包括爱尔兰（2010 年）、法国（2014年）、日本（2012 年）、智利（2017 年）、加拿大（2016 年）、南非（2019年）等 20 多个国家都实施了碳税政策。其中，加拿大和日本碳税政策覆盖的碳减排主体在 2018 年排放的二氧化碳占排放总量的比例分别为 70%、68%，紧随其后的挪威占比为 63%、爱尔兰占比为 48%。在碳排放权交易方面，全球金融市场数据及基础设施提供商 Refinitiv 在 2020 年 2 月发表的报告显示，全球碳市场的总价值在 2019 年增加了 34%，达到了 2145 亿美元。这是全球碳市场总价值连续第三年增加，自 2017 年以来，全球碳市场总价值增加了近 5 倍。碳交易市场规模的迅速扩大显示出市场手段在激励市场参与者中的巨大作用。

3. 碳税与碳排放权交易治理手段的选择成为政府和学界讨论的难点与热点

碳税和碳排放权交易是最主要的两种市场政策手段，目前世界上大部分国家都采用这两种手段来控制碳排放量。虽然从理论分析来看，有经济学家研究指出，基于科斯定理的排放权交易和基于庇古税的环境税实质是等效的：在均衡状态下，二者都将导致污染排放者的边际减排成本相等。但不同的学者对这两种政策手段的选择意见仍然不同。

总量控制下的排放权交易体系（Cap - and - Trade）是排放权交易理论在碳市场的直接应用。从作用机理来看，碳排放权交易通过设定固定的污染物排放总量水平，并赋予各个排放主体一定的排放配额，能够有效控制碳排放总量，也能通过配额的交易为各个排放主体提供一定的经济激励，有利于实现减排成本的最小化，进而从整体上实现减排效果、减排效率与减排成本的均衡。不过，碳税的偏好者也指出了排污权制度所存在的缺点：①排放总量难以确定；②配额分配不公将导致交易制度无法激励企业进行技术革新；③政策的社会成本不确定；④监管成本较高。

2018 年诺贝尔经济学奖获得者、美国著名经济学家威廉·诺德豪斯是碳税的坚定支持者。他认为：①温室气体是存量污染物，其规制更适合税收手段，并且碳税能够为碳排放的外部性提供价格信号，从而纠正市场失灵；②通过税收手段能够获得资金，可以用于支持替代能源的研发；③高度波动的价格不利于企业决策，特别是技术研发；④现有制度和组织机构能够用于执行碳税，执行成本低；⑤碳税的税率根据碳排放的社会成本来确定，符合污染者付费原则，而且碳税制度可以为碳减排行为提供税收优惠，从而激励企业进行节能减排（Nordhaus，1999）。当然，碳税在实践中也有一些缺陷。比如税率的制定面临着信息收集的困难，存在较大的不确定性；税率统一，无法考虑地区间减排成本的差异；而且碳税能够产生的环境效果并不确定，即在碳税制度下污染的总量处于变化之中，并不能得到有效控制。此外，征税可能会带来更大的政治阻力。

从控制碳排放的实践来看，欧盟经历了碳税—碳排放权交易—碳关税的政策路径[3]，美国在二氧化硫减排领域实施排放权交易政策，而在对一氧化硫、一氧化氮以及固体废弃物的处理上采用征收环境税的手段。澳大利亚也曾在碳税与碳交易之间摇摆。在我国，国家发改委一直力推碳排放权交易，并成功推动了试点工作。环境保护部和财政部则力推环境税（碳税），其下属智库机构——财政部财政科学研究所（2016 年更名为"中国财政科学研究院"），早在 2009 年就完成了《中国碳税方案设计》的研究工作，提出了我国开展碳税的实施方案。

从政府和学界的讨论与争执来看，碳税和碳排放权交易各有利弊，而政策的实施效果与每个国家发展的阶段，国家内部不同行业、不同排放主体的减排现状及减排潜力密切相关。我国早在 20 世纪 90 年代就曾经开展过环境税的试点，自 2011 年以来，又先后在七大地区开展区域性的碳排放权交易试点。在我国明确提出单位强度的碳减排目标的约束下，迫切需要进一步分析理解碳税和碳交易的内涵特征，对两种政策工具实施后的效果进行系统而深入的研究，评估两种政策工具的实施效果以及对经济发展的影响，从而为探讨实现减排目标和经济发展双赢的政策工具选择与政策实施提供必要的理论支撑和实践指导。

我国是全球最大的温室气体排放国，2018 年中国碳排放总量超过 100 亿吨，大幅领先排名第二、第三的美国（54 亿吨）和欧盟（35 亿吨），且同比增速依然为 2.3%，面临着国际社会施加的巨大减排压力。同时，我国是世界第一大能源消费国，我国所依赖的"高消耗、高投入"经济发展模式，以及以煤为主的能源结构和粗放式的能源利用方式，在支撑了我国经济快速增长的同时，也使得 CO_2 排放量迅速上升。近 60 年来我国年平均气温每十年约升高 0.23℃，是全球温升幅度的两倍。1990 年至 2013 年，我国因气象灾害死亡 9.1 万多人，直接经济损失 5.5 万多亿元，极端气候灾害给我国带来了严重影响。面对全球气候变暖的严峻形势和我国节能减排的艰巨任务，寻求提高我国低碳发展水平的现实途径，进而推动各主要行业实现低碳转型，实现经济、社会、资源与环境的协调发展已成为时代发展的要求。

我国是推动碳减排的积极倡导者和坚定践行者。早在 1993 年，我国政府就批准了《联合国气候变化框架公约》，推动温室气体减排。2009 年，我国正式提出到 2020 年单位 GDP 产生的 CO_2 排放比 2005 年下降 40%~45% 的强度减排目标。2014 年 11 月，《中美气候变化联合声明》指出，中国计划在 2030 年左右 CO_2 排放达到峰值。为探索市场化的政策工具，推进碳减排，自 2011 年以来，我国先后在七大地区开展区域性的碳排放权交易试点，全国性的碳排放权交易体系也于 2017 年开始启动，有关碳税的分析研究也一直是财政部关注的问题。

自 2007 年以来，我国一直在推动低碳经济发展，致力于实现碳减排和经济发展的双赢。然而，我国不同地区间经济基础、产业结构差异巨大，一方面使得各地在推进碳减排过程中的重点工作有所区别，另一方面也使得各地的碳减排效率和碳减排潜力存在明显区别。在此背景下，本书科学分析低碳经济背景下我国碳减排的现状与问题，明确影响低碳经济发展的核心因素，并在此基础上分析碳税与碳排放权交易政策的碳减排效果及政策适用性特征，从而为加快推进碳减排、制定低碳经济发展的政策建议提供必要的理论支撑和实践指导。

1.1.2 研究意义

本书结合低碳经济发展模式下碳减排及经济发展的双重目标要求，科学分析我国不同地区的碳减排现状与问题，明确影响低碳经济发展的核心因素，构建模型从碳减排成效、碳减排成本及其经济影响三个方面对碳税和碳排放权交易两类不同政策工具的政策效果进行了分析，比较了两类政策的效果差异；在此基础上，对武汉市低碳经济发展现状及其碳减排政策工具的选择进行了讨论，最后提出促进低碳经济发展和碳减排的政策建议。本书的研究价值与意义主要体现在以下两个方面。

（1）基于经济增长与碳减排协调发展的理念，充分考虑我国不同地区碳排放基础的差异，从碳减排效率和碳减排潜力两个维度构建模型，对我国碳减排的现状及问题进行了评估，有利于更全面、准确地分析全国各地碳减排的特征与现状，从区域与产业的角度了解我国碳排放的结构。

低碳经济的目标在于实现经济社会发展与碳减排的双赢。从全国的角度来看，发展低碳经济旨在以最小的减排成本、最高的减排效率实现碳减排。然而，我国不同地区间经济基础、产业结构差异巨大，这使得不同地区的碳减排空间、减排重点及减排成本存在明显的差别。因此，本书基于非期望产出的 SBM – DEA 模型，从实现经济增长与控制 CO_2 排放均衡的角度对我国各省（地区）2000—2012 年的碳减排效率和碳减排潜力进行评估。其中，效率指标能反映出经济发展过程中利用资源的能力，这符合节约型社会的建设要求，也与低碳转型发展的目标更匹配。而潜力指标则表示在当前经济发展条件下存在的可减排空间。通过对二者的综合利用，可以更为准确地对我国不同地区的碳减排特征与需求进行分析。利用碳减排效率和碳减排潜力指标，本书在考虑我国国民经济发展计划性与阶段性的基础上，对从"九五"末期到"十二五"初期各地、各产业低碳经济发展的二维表现进行动态分析，有利于科学评估各地区、各产业低碳经济发展的进展与问题，为相关低碳政策与策略的出台打下基础。

（2）结合低碳经济的内涵特征及发展要求，提出了基于标杆管理的低碳经济发展现状评估模型与方法，综合考虑了反映低碳经济发展成效的各个指标的进展以及各个子系统间发展的均衡性，丰富了低碳经济评估的方法与手段。

低碳经济建设涉及经济、能源、社会、资源与环境等各个方面，各个子系统间存在复杂的耦合关联。发展低碳经济，意在实现经济增长与碳减排之间的均衡，实现各个子系统间的协调发展。这表明，评估低碳经济建设现状，既要考虑指标体系整体及单个指标的水平，也要考虑指标间的关联及互动关系，注重指标间的均衡发展。本书将低碳经济的实际发展水平和规划目标水平分别看作一个多维向量，单个向量的每一个维度即反映了低碳经济发展水平的评估指标体系中的单一指标。利用向量夹角的方法来测度发展现状值与规划目标值之间的协调度偏差，然后再通过计算两个向量的欧氏距离来表示实际值与目标值的目标值差距。其中，协调度偏差表明与规划目标相比，低碳经济各个子维度之间发展的协调性，协调度偏差越小，说明各个子维度发展越均衡；目标值差距则表示现状值与目标值之间的数值差异，目标值差距越小，说明现状值越接近目标值。从目标值偏差（数量差距）和协调度偏差（方向差距）的角度综合分析和评估低碳经济建设的成效，评估的视角、方法更为科学，评估的结果也更为准确。

（3）基于碳税、碳排放权交易不同的作用机理，构建相关模型框架体系，分别对两种政策工具的碳减排效果、减排成本及其对经济的影响进行对比分析，丰富了环境经济政策工具选择与评估的手段，为政策制定者选择合适的环境经济政策手段提供了基本思路与参考。

环境政策实施中的核心问题是如何选择政策工具，以及如何发挥政策工具在实现环境污染治理与经济发展双赢目标中的支撑作用。环境经济政策可以在节约政府环境治理成本的前提下，把环境污染成本内化到生产者的生产成本之中，迫使生产者在强烈的成本约束下，寻求在生产过程中节约利用环境资源的方法，发挥环境资源的最大效益。环境经济政策在许多国家和地区的环境治理中取得了良好的效果，也成为我国寻求解决环境政策问题的重要工具。就 CO_2 减排而言，存在碳税和碳排放权交易两种不同的政策工具，不同的区域因为发展基础、减排需求的差异，选择的政策工具也有所不同。因此，迫切需要从理论上深入分析政策的作用机理，研究政策适用的条件以及政策的积极作用和消极影响，从而采取有针对性的措施，发挥政策的优势。本书针对传统研究只考虑单一政策的实施影响，而忽略了不同政策工具之间的比较分析的弊端，从理论及实践上系统地阐述了不同的环境经济政策的作用机理，总结了国内外现有碳税及碳交易政策的实施成效与问题，通过构建模型框架体系，模拟分析不同的政策工具在同一区域解决同一问题时的运用结果，对比分析不同的政策工具的实施成本与成效，有利于全面、系统地解决好经济发展、社会进步与环境保护之间的关系，发挥环境政策在实现经济增长、社会进步与人民生活质量有效改善中的作用，同时也为政策制定者选择合适的环境经济政策手段提供了基本思路与参考。

1.2 国内外研究综述

本书旨在围绕低碳经济发展背景下实现碳减排和经济均衡发展的双重目标要求，科学分析我国不同地区碳减排的现状与问题，并对碳税及碳交易政策的碳减排效果及其经济影响进行比较分析，为碳税与碳交易政策工具的选择提供指导，并在此基础上提出加快推进碳减排，实现低碳经济发展的政策建议。围绕这一目标，本书从四个角度对国内外现有的研究进行综述，包括我国低碳经济与碳减排研究进展、碳税与碳排放权交易的作用机理与影响以及二者间的比较分析。

1.2.1 我国低碳经济与碳减排研究进展

近年来，学者对我国低碳经济发展及碳减排的研究主要集中在以下五个方面。

一是讨论低碳经济的理论内涵及其特征。如冯之浚等（2009）[4]对低碳经济的内涵及其与科学发展观间的关系进行了论述。鲁丰先、王喜等（2012）[5]分析了资源、环境、技术创新等领域的相关理论或者方法与低碳发展的关系，并在此基础上建立了低碳发展的理论基础及其路径选择分析模型。方大春、张敏新（2011）[6]指出低碳经济的经济学价值主要表现在提供经济发展新模式的理论基石。自 2005 年党的十六届五中全会中明确提出建设"两型社会"以来，"两型社会"成为我国经济社会未来的发展模式与目标。陈晓红等（2015）[7]认为低碳经济是"两型社会"建设的核心内容之一，并指出其核心内涵是形成经济、社会、环境与资源系统协调发展的社会体系。

二是讨论中国碳排放现状与经济发展的关联。碳排放与经济发展关联紧密（周正柱，王俊龙，2020）。学者们的研究主要是利用环境库兹涅茨曲线（Environmental Kuznets Curve，EKC）以及格兰杰因果检验（Granger Causality Examination）考察经济发展与 CO_2 排放之间的关系。Jalil 和 Mahmud（2009）[8]验证了中国的经济发展与 CO_2 排放之间存在确切的 EKC 关系。Zhang 和 Cheng（2009）[9]对中国 1960—2007 年 CO_2 排放和经济发展的长时间序列数据的分析表明，中国的 CO_2 排放与经济发展间的格兰杰因果关系并不明确，并由此指出中国推进碳减排的过程不会对经济造成过大的损害。Shen 和 Sun（2016）、张滨和吕洁华（2019）分别基于中国宏观层面的整体数据及黑龙江单一省份的数据，验证了经济发展与 CO_2 排放之间的环境库兹涅茨曲线关系检验呈倒 U 形。Dong 和 Dai 等（2017）基于可计算一般均衡模型对我国 30 个省份的分析指出，碳减排和经济损失的关联比较紧密。

三是对中国碳排放的特征现状及其影响因素进行分析。BP 统计数据表明，中国的碳排放在 2000—2012 年呈现出加速上涨的趋势。Du 和 Chu 等（2012）[10]指出，随着城镇化与工业化的加快推进，在当前的能源结构和产业结构下，中国的 CO_2 排放总量仍将继续上升。王淑新、何元庆等（2010）[11]从能源消费角度，分析了改革开放三十年来我国低碳化的演进特征，推算出 30 年间累计减少 CO_2 排放 139.92 万亿吨，成效突出，但能源强度的下降速度趋于减缓，而降幅波动区间在扩大。这说明能源强度下降的动力不足，其原因在于国家政策的变化、产业结构的调整、技术的发展进步、能源生产增长率的波动以及能源消费与经济增长此消彼长的变化。因素分解模型与投入产出模型被广泛应用于对影响中国碳排放的主要因素的分析。这些因素包括产业结构、城镇化、国际贸易、政府支持力度以及研发能力等。王锋、吴丽华等（2010）[12] 认为驱动中国 CO_2 排放量增长的因素包括人均 GDP、交通工具数量、人口总量、经济结构、家庭平均年收入，而由研发投入大幅提升带来的工业生产部门能源利用效率提高、交通工具平均运输线路长度增加、居民生活能源强度降低等则能减少碳排放。林伯强、刘希颖（2010）[13] 指出人均 GDP、能源强度、能源消费碳强度、城市化和水泥产量是影响 CO_2 排放最主要的因素，在我国"稳增长"及推进城镇化的经济发展要求下，通过适当控制城市化速度、提高能源效率以及调整能源结构能够有效减少碳排放。

四是讨论我国低碳经济的发展模式。付允等（2008）[14] 认为我国低碳经济建设需要以低碳发展为发展方向，以节能减排为发展方式，以碳中和技术为发展方法，并具体提出了提高能源利用效率、大力发展可再生能源、设立碳基金激励低碳技术的研究和开发，以及确立国家碳交易机制四种具体实施措施。林伯强、孙传旺（2011）[15] 认为，节约能源、发展清洁能源、提高能源效率是我国减少碳排放的主要途径，而城市化进程的推进也可以为政府促进减排提供机会。涂正革（2012）[16] 指出，产业结构调整、能源结构优化，促进节能技术与工艺创新，走新型工业化道路，是实现中国低碳经济发展的重要途径。我国经济规模每增长 1 个百分点，碳排放量平均增加 15Mt（百万吨）；制造业比重每增加 1 个百分点，碳排放量平均增加 56Mt；能源强度每下降 1 个百分点，碳排放量平均减少 33Mt。卢愿清、黄芳（2013）[17] 指出政府的推动力度、经济水平、科技发展、外贸以及环境保护是提升低碳竞争力的五大驱动因素。促进碳减排的方式包括提高能源利用效率，优化产业结构及能源结构，同时，基于市场的环境经济政策（如排放权交易和环境税）也成为学者讨论的热点[18]。

五是构建低碳经济的评价指标体系，以及评估低碳经济发展成效的模型与方法。付加锋、庄贵阳等（2010）[19] 构建了以低碳产出、低碳消费、低碳资源、低碳政策和低碳环境为维度的多层次评价指标体系以评估低碳经济发展潜力。付允、刘怡君等（2010）[20] 将评估城市低碳水平的指标总结为主要指标和复合指标两类，前者主要通过单位 GDP 二氧化碳排放量、人均二氧化碳排放量等具有代表性的单一指标衡量低碳发展水平，虽然计算简单，但所包含的信息有限；后者通过多个指标的集成进行综合评估，具有涉及广泛、考虑全面、时空可比等优点，但只能反映城市低碳的相对水平。吕学都、王艳萍等

(2013)[21]从全面性、有效性、相关性、适用性、前瞻性五个方面建立了一套客观评价方法,对低碳经济指标体系进行量化评估。在方法层面,杨颖(2012)利用 DEA 方法,郑林昌、付加锋等(2011)采用层次分析法对碳减排效率进行了评价。陈诗一(2012)[22]设计了低碳转型进程的动态评估指数,并对改革以来中国各省级地区的低碳经济转型进程进行了评估和预测。Pan(2010)[23]利用碳生产率这一单一指标对低碳经济的成效进行了评价,并指出较高的碳生产率是低碳经济的核心特征。He 和 Su(2011)[24]与 Pan(2010)的观点一致,并通过研究指出因为经济发展的落后,发展中国家的碳生产率远远低于发达国家的碳生产率水平。陈跃、王文涛等(2013)[25]回顾了低碳经济评价的研究现状,指出当前研究存在的三大局限,包括区域节能减排效率、潜力评估不足以覆盖低碳发展的全部内容;现有低碳经济综合评价指标体系存在一定片面性;现行常权模式下的综合评价模型不能有效考察低碳发展要素间的均衡协调性,致使评价结果存在不可靠之处。

从上文可以发现,现有研究的方法选择主要集中在主成分分析、DEA 模型等主流评估方法上,此类模型能够较简洁地对整体效果进行评估,但忽略了细分结构间的影响,而低碳经济建设所涉及的经济—能源—社会系统间存在复杂的耦合关联,评估低碳经济建设的现状与成效,既要考虑低碳经济整体成效,也要充分考虑子维度之间发展的均衡性。此外,从研究视角来看,当前对碳减排研究的重心在于宏观区域层面的总量控制,但是,因产业结构与能源结构的差异,不同地区、不同产业的减排空间及减排效率也存在一定的差异,在总量控制的前提下,有必要进一步关注碳减排的结构问题,以实现减排成本、减排效率及减排效果的协调统一。

1.2.2 碳税政策的减排效果及其对经济发展的影响

碳税政策是基于庇古税原理的环境税在 CO_2 减排领域的具体应用。Zhang 等(2016)基于文献计量学的分析方法,对 Web of Science 收录的 1989—2014 年的碳税文献进行总结指出:碳税一直是学术界关注的重点,而且关注度在不断提高。当前,碳税研究的热点集中在碳税的社会经济效应、碳税政策效果的模拟仿真分析以及与碳排放权交易的比较研究等方面。碳税的思想源自建立在庇古税基础之上的环境税。自 20 世纪 70 年代以来，有关环境税的理论研究主要集中在三个方面：一是环境税的政策设计研究。环境税设计的难点与重点在于税率的确定。1990 年，Bovenberg A. L 和 Goulder L. H 提出了最优环境税率的设计标准，拓宽了税率确定的约束条件，解决了环境税的具体实施难题[26]。沈满洪等（2011）[27]也论述了环境税的征收依据，进一步丰富了环境税开征的基础理论。二是环境税的分配影响研究。Barker 和 Kohler（1998）[28]的研究指出，碳税政策下欧洲低收入家庭的获益程度相对高收入家庭而言要低，但所有家庭都会受益。Callan 等（2009）[29]基于爱尔兰的研究则发现碳税具有累退性，这一结论与 Wier 等（2005）[30]对丹麦的研究所得到的结论一致。Elkins 和 Baker（2001）[31]对碳税政策工具在分配效应方面的文献进行了综述，并指出碳税政策的实施不仅能增加收入，也能显著性地降低之前存在的扭曲性税收，这为碳税政策工具的实施在税收的交互效应和收入循环效应的分析提供了理论基础。同时，作者指出碳税政策的实施可以通过制度的设计来降低对产业竞争力和低收入人群的负面影响。此外，作者认为早期对碳税环境效应的评估多是积极显著的，并建议：如果对源于人类活动导致的气候变化将持续恶化表示担忧，则需要有更多的国家引入碳税制度。三是环境税的"双重红利"效应研究。所谓"双重红利"（double dividend）实际是指环境税既能实现污染物的减排，也能通过税收的返还降低具有扭曲效应的税收负担，减少效率损失。Danuše Nerudová 和 Marian Dobranschi（2014）[32]专题研究了碳税的双重效应，认为环境改善及碳税扭曲效应的实现不仅仅取决于碳税制度的设计，同时也取决于碳税在操作层面的实施力度。Anton Orlov 等（2013）[33]从产业和宏观经济两个层面分析了碳税对俄罗斯的影响，同时对其双重效应进行了检验。分析表明，碳税系统的有效实施将有利于促进资本与劳动力之间的税制转换效应，进而将推动碳排放量的降低及社会财富效应的提高。Shiro Takeda（2007）[34]利用多部门的动态 CGE 模型对日本的碳排放控制情境下的碳税双重效应进行了分析。不过，作者基于对 27 部门 1995—2095 年的实际数据和预测数据分析表明，在所有情境下，碳税的双重效应都比较微弱。在中文文献中，也有一些国内学者研究了中国碳税征收的环境效应问题。王金南等（2009）[35]指出，鉴于中国仍处于快速发展阶段，相对较低的税率水平既能实现较好的碳减排效果，也能避免对经济发展造成过大的影响。苏明等（2009）[36]、高鹏飞和陈文颖（2002）[37]等基于不同的研究方法也得到了类似的结论。

随着控制碳排放问题越来越突出，学术界对碳税的探讨逐渐由理论分析转入对碳税的实证分析。实施碳税政策能够带来非常显著的 CO_2 减排效果（Floros，Vlachou，2005[38]；Bruvoll，Larsen，2004[39]）。Burtraw 等（2003）[40]的研究还发现，除减少 CO_2 排放之外，碳税政策也会降低与碳排放相关的其他负外部性，带来"二次收益"。Godal 和 Holtsmark（2001）[41]指出挪威对农业及工业碳税减免的征税制度是正确的，否则，挪威农业及工业部门的盈利水平将降低20%左右。Lee 等（2007）[42]认为：尽管碳税是减少二氧化碳排放的有效手段之一，然而，对一国所有的产业实施全面的碳税并不一定公平，也不一定能有效减少二氧化碳排放。作者结合模糊目标规划、灰色预测与投入产出理论，在设定的三种碳税方案的情境下，构建了一个模拟二氧化碳减少成效及其经济影响的模型；对台湾石油化工产业的分析表明，上游产业能够显著地降低二氧化碳排放，而下游产业则无法完成既定的减排目标。Lee 等（2008）[43]的研究也指出征收碳税对 GDP 有负面影响，不过 Wissema 和 Dellink（2007）[44]基于爱尔兰的研究认为在政策设计合理的条件下，碳税对 GDP 的影响比较小。目前，国内外学者利用已经实施碳税地区的数据对碳税的政策效果进行了分析，提供了很好的制度构建参考与政策启示建议。Lin Boqiang 和 Li Xuehui（2011）[45]认为作为最有效的促进碳减排的市场手段之一，碳税政策得到了国际社会的广泛认可。丹麦、芬兰、瑞典、荷兰及挪威等国家都拥有丰富的碳税实施经验。他们以这五个国家为例，运用 Difference – In – Difference（DID）的方法，针对碳税实施对上述国家人均 GDP 的影响进行了具体分析。研究表明，碳税对芬兰的人均 GDP 具有明显的负面影响，而对丹麦、瑞典及荷兰的影响也是负面的，但不显著。碳税的减排效果与不同国家的能源结构及产业结构密切相关，以挪威为例，碳税并没有起到明显的 CO_2 减排作用。

作为国际年度碳排放总量最大的国家，有关中国的碳减排策略历来是研究的热点，而其中对碳税政策的碳减排效果及其对经济发展可能造成的影响也是众多学者关注的重点领域之一。翁智雄等（2018）指出，征收碳税会对中国的宏观经济产生一定的负向冲击，导致 GDP、家庭消费、固定资本形成相比基准情境出现下降趋势，但长期来看征收碳税对经济的负向影响会不断减弱，对中国的碳减排也有明显的效果。Zhang 等（2019）则评估了碳税对我国各个省经济及碳排放的影响。马晓哲等（2016）则以全球各个区域为对象，模拟了碳税政策的减排效应及其对经济的影响，指出：碳税的实施有必要考虑对不同排放主体进行补贴，以实现公平和效率的统一。Zou 等（2018）则区分了我国能源税和碳税，对两种税种作用于我国的碳减排效应和经济影响进行了分析。许士春、张文文（2016）分析了碳税对中国经济和碳强度的影响，在此基础上，探讨了六种税收返还情境对碳税负效应的缓解作用。Mian Yang 等（2014）[46] 考虑了生产要素及能源间的替代性对碳税的作用效果的影响，认为当碳税税率设定在 50 元/吨 CO_2 排放当量的时候，中国 2020 年的碳排放总量将在 2010 年的基础上降低近 3%。不过作者也指出，城镇化与工业化的快速推进将对碳税的碳减排效应造成一定的损害。Guochang Fang 等（2013）[47] 分析了碳税对中国能源强度及经济增长的影响。作者通过构建碳税约束下的能源节约和排放减排量的四维系统，对该系统的动态行为进行了分析。基于中国的实证分析表明，碳税的税率越高，该四维系统的能源强度将得到越好的控制。同时，碳税政策越早启动，相应的政策与法律越完善，碳减排及能源强度将得到越明显的降低，而这也更加有利于实现中国既定的碳减排目标。Zhengquan Guo（2014）[48] 基于 2010 年的投入产出表，利用 CGE 模型针对碳税政策对中国经济发展及碳排放的影响进行分析。为了得到更稳健的模拟结果，作者根据不同部门的能源消费特征将能源部门划分为八个部门。研究表明，中等程度的碳税税率水平将明显地减少碳排放量及化石能源消费量，同时，也会对经济增长的速度造成轻微的影响。而较高的税率则将对中国的经济及社会福利造成较严重的负面影响。从能源结构来看，降低煤炭消费量对减少碳排放量最有效。同时，征收碳税后，煤炭的从价税率也将最大，因为煤炭的 CO_2 排放系数最大。因此，更早地实施碳税将更有效地推广清洁煤炭技术，并加快推进清洁能源的利用，将有效地实现碳减排目标。Shiyi Chen（2013）[49] 分析了碳税对中国碳排放及产业发展的影响。作者利用 DDF 方法得到产业的 CO_2 边际减排成本，利用 polynomial 动态面板模型对不同产业经济增加值及 CO_2 排放强度的影响进行了预测分析。作者发现，在短期内，碳税对各个产业的产出将造成消极影响，但是从长期来看，碳税对各个产业的产出将造成正面的影响。而不管是长期还是短期，征收碳税都将有利于碳排放强度的降低。作者进一步给出了相应的政策建议。Aijun Li 和 Boqiang Lin（2013）[50]利用 CGE 模型综合比较了不同的碳减排政策手段的碳减排效果。研究表明，不同的政策手段的环境效应及经济效应有较为明显的差异，因此，政府需要根据政策目标的要求，综合运用不同的政策手段，通过政策的互补来降低各个单一政策的弊端。Zhaoyang Liu 等（2014）[51]对中国钢铁行业的影响进行了分析，比较了碳税及强制性减排两种方式的减排效果。

总体来看，目前学术界对碳税的理论分析研究得较为透彻，这主要是源于学术界相对丰富的环境税"双重红利"分析已经从理论上证明了开征碳税能够带来碳减排效果，也指出了征收碳税对经济发展可能造成的影响。鉴于此，碳税也逐步为部分发达地区的政府所采纳并运用于实践中，并且取得了较好的成效。而从实践经验来看，在政策设计的过程中需要尤为注意通过模型模拟分析碳税的碳减排效果，即分析碳税的环境效应；也需要分析在价格传导机制下碳税对 GDP 的影响，即分析碳税的经济效应；此外，还需要分析碳税对收入分配及社会福利的影响，即分析碳税的社会收入再分配效应。

1.2.3 碳排放权交易政策的减排效果及其对经济发展的影响

排污权交易的思想最早可追溯至科斯定理。Coase（1960）[52]指出了产权的缺失是外部性产生的根源，只要明确界定产权，就可以解决外部问题，而且可以使社会成本最小化。受此启发，Dales（1968）[53]第一次提出排污权交易的概念。Croker（1966）[54]研究了对空气污染的控制，奠定了排污权交易的理论基础。Montgomery（1972）[55]从理论上证明了基于市场的排污权交易体系提供了一种兼具成本效率和公平性的措施，比传统的环境治理政策更为优越。

一些政府部门开始将排污权交易付诸实践。1976 年，美国国家环保局（EPA）将排污权交易用于大气污染及河流污染源的管理，1979 年提出的《清洁生产法》修正案包括了"排污交易"的制度，1990 年修改《清洁空气法》时将排污权交易在法律上制度化。德国、澳大利亚、英国等也相继仿效，进行了排污权交易的实践。

近年来，随着气候变暖问题得到全球的共同关注，CO_2 减排的严峻性逐步凸显，控制碳排放成为政界、学界关注的重点领域。因此，排放权交易这一理论和实践均被验证可行的政策工具被引入了碳排放治理领域，碳排放权交易应运而生。1992 年，IPCC 达成了《联合国气候变化框架公约》，并于 1997 年 12 月通过了《京都议定书》。《京都议定书》确定了解决全球气候变暖问题的三种政策工具——联合履约（JI）、清洁发展机制（CDM）和排放权交易（ET）。其中，排放权交易（ET）是排放权交易理论在碳市场的直接应用。

由《京都议定书》可知，碳交易的前提条件是碳排放总量控制，即在环境的可承受范围之内明确碳排放总量。同时也要明确碳交易的主体，即碳排放者，主要包括一些化石能源的直接使用者和间接使用者。最后，还需要制定相应的交易制度及监管、奖惩机制。Alan S. Manne 和 Richard G. Richel（1994）[56]认为，实行排放权交易对于提高经济效率是必要的，有排放权交易的减排措施比没有减排交易的措施造成更小的消费损失，即减排成本更小、更有效率。

配额分配是排污权交易得到长期有效运行的基础，因此碳配额分配成为学者研究的热点。Hepburn（2007）[57]对《京都议定书》所提出的实现碳减排的三种交易机制进行了评论。国务院发展研究中心课题组等（2009）[58]提供了一个界定各国温室气体排放权的理论框架，认为公平是区域碳配额分配的核心。Kverndokk（1995）[59]建议按照人口规模进行配额分配，Janssen（1998）[60]等在此基础上进一步考虑了 GDP 总量和能源消耗总量。Cramton（2002）[61]等比较了祖父制与拍卖分配两种方式的差异，认为拍卖的方式效率更高。鉴于公平在配额分配过程中的重要性，Cramton（2002）等也认为并不存在绝对公平的方案。Rose（2008）[62]等则指出公平的配额分配方式包括基于排放公平、产出公平、过程公平三类，并基于此三类标准对中国的配额分配方案进行了研究。Bernard 等（2008）[63]利用两阶段动态博弈模型对俄罗斯与以中国为代表的附件二国家之间的碳排放权分配进行了分析，首先构建了附件二国家的需求函数，其次构建了俄罗斯和中国的边际减排成本曲线。其中，GEMINI‑E3 模型用来预估附件二国家的需求，以及俄罗斯的边际减排成本，POLES 用来计算中国的边际减排成本曲线。

与碳税较为类似，碳交易这一政策工具已经被世界上部分国家所运用（不同国家的实践经验详见第 3 章）。截至 2019 年，碳交易政策在包括欧盟（2005 年）、新西兰（2008 年）、RGGI（2009 年）、美国加州（2012 年）、韩国（2015 年）、中国等 20 多个国家和地区得到了应用实践。欧盟的 EU ETS 是当前全球起步最早、规模最大的碳排放权交易市场。Ellerman 和 Buchner

（2007）系统地梳理了欧盟协调众多成员国建立 EU ETS 的过程，既包括各成员国利益的协调及弥补措施，也包括从无到有地建立这一套制度体系的基础数据及政策建设，总结了欧盟是如何逐一解决这些问题的方法，包括配额分配的方法、基础数据核算的方法等。同时，他们也对 EU ETS 第一阶段的运作成效进行了探讨，并指出了制度设计中存在的问题及后续调整的方向和措施。EU ETS 的实践吸引了大量学者的关注，Frank Venmans（2012）系统地总结和回顾了大量学者对 EU ETS 第一阶段（到 2007 年年底）分析的结果。他的综述文章指出，在 EU ETS 的作用下，欧盟碳排放总量整体性地降低了 2.5% ~ 5%，取得了既定的目标效果，但同时也暴露出了配额存在过度分配等问题。Hintermann 等（2016）回顾了 EU ETS 第二阶段的价格及市场运作情况，并为后续的发展提供了政策建议。

目前，全球碳减排市场主要分为自愿性减排市场和强制性减排市场两大类，前者主要依赖各个排放主体的自觉参与，而后者的约束性更强。Perdan 和 Azapagic（2011）[64] 对全球强制性减排市场进行了回顾分析，认为不同交易场所的整合是趋势所需，但困难重重。其中，最为核心的因素是需要稳定的经济环境，技术的整合也是一方面的原因。EU ETS 是当前全球最大的强制性碳排放权交易市场。Ellerman 和 Buchner（2007）[65] 对 EU ETS 的源起、配额分配以及到第二阶段第一年的运作成效进行了总结分析，重点介绍并分析了 EU ETS 在建设初期所面临的种种困难以及欧盟的应对之策，包括缺乏排放设施的初期数据、配额分配方式、未来排放趋势判断，以及对新入及推出设备的制度设计等。Bettina B. F. Wittneben（2009）[66] 考察了欧盟排放权交易体系的 7 个方面：减排量、对公众产生的收益流、体系对公众产生的成本、对公司来讲碳减排的边际成本、产生超额租金、定价机制和系统稳定性，以及持续性和保证。作者指出：限额贸易体系可能不是减排的最有成本效率的机制。Frank Venmans（2012）[67] 将不同学者对 EU ETS 第一阶段（到 2007 年年底）的作用效果的评价分析进行了综述，并认为尽管第一阶段存在配额过度分配等问题，但在综合考虑环境效应的条件下，实现了碳排放量减少 2.5% ~ 5%，也没有发现存在碳泄漏（carbon leakage）的情况。然而，作者也指出公平性仍然是政策实施过程中需要重点考虑的问题。作者认为碳排放权交易相较碳税而言更具有政策灵活性，更容易在欧盟成员国之间达成一致。Adam Millard - Ball（2013）[68] 回顾了全球自愿性碳排放权交易市场的现状，并具体就其中所存在的问题进行了探讨。作者同时也讨论了自愿性减排市场中存在的不确定性和逆向选择问题。除了对碳排放权交易市场的作用效果进行分析外，针对碳排放权交易对单个国家（行业）减排效果及其经济发展的影响也是一个研究热点。Sandoff 和 Schaad（2009）[69] 利用瑞典环保部调研所得的数据，研究了瑞典国内参与 EU ETS 第一阶段交易的排放主体的交易成效。基于参与态度和交易行为的调研数据表明，尽管瑞典企业对降低碳排放有浓厚的兴趣，然而 EU ETS 的价格机制并没有得到较好的实践。如果瑞典企业的态度与行为在欧盟范围内得到传播，那么将对 EU ETS 的碳减排效率产生不利的影响。此外，Ajay Gambhir 等（2014）[70] 通过综合考虑能源结构、产业结构及其燃料结构对印度 CO_2 排放的影响，对碳排放权交易的实施对印度碳排放的影响进行了比较分析。作者指出，从人均碳排放的角度而言，印度可以超额完成 2050 年的减排目标，而减排成本同样低于全球的平均碳价格，这表明印度将是碳排放权配额交易的受益方。鉴于钢铁行业在 EU ETS 中的重要性，Demailly 和 Quirion（2008）[71] 评估了欧盟碳排放权交易体系对钢铁产业产出及盈利的影响。同时，作者也检验了受产出及盈利影响的结果在边际减排成本曲线、贸易和需求弹性、转嫁率以及排放配额分配规则等假设条件下的稳健性。研究结果表明，就钢铁行业而言，竞争力的降低非常小。因此，基于降低竞争力的理由来反对紧缩 EU ETS 在后续阶段的实施是错误的。

碳排放权交易对各个行业的影响也被各个学者所关注。Fei Teng 等（2014）[72] 对中国电力行业的碳排放现状进行了分析，并重点探讨了电力市场引入碳排放权交易机制促进碳减排的可行性及其操作建议。Y. Zhu 等（2013）[73] 考虑了碳排放权交易市场中存在的不确定性问题，并重点以北京的电力市场为例提出了电力市场的碳排放权交易市场的机制设计及其操作方法。Meng Li 等（2013）[74] 分析了建筑行业统计碳排放总量的一般范式，并在此基础上进一步讨论了中国建筑行业实施碳排放权交易的可能。Rong - Gang Cong 和 Yi - Ming Wei（2010）[75] 考虑了不同的配额分配方式对碳排放权交易的政策效果，进行了比较分析，并通过构建基于主体的仿真模型，以中国电力行业为例进行了具体的讨论。基于六类主体及两种市场类型的研究表明，碳排放权交易的实施将推动平均电价上升 12%，而不同发电技术受到的成本冲击影响也存在较大差异。基于历史排放量的配额分配方案对电价和碳价的影响要高于基于产出的配额分配方案。据此，作者也建议对于中国电力市场实现碳减排而言，基于产出的减排方案将会更有效果。此外，经济学理论表明，在许多产业部门，企业会将成本转嫁给消费者，因此，净利润与产业的价格以及配额分配的费用有关。Smale 等（2006）[76]利用寡头垄断市场上的古诺模型，以水泥、造纸、钢铁、铝以及石油五个产业为例，并基于实际数据的模型对三种排放权价格情境下，碳交易配额分配制度的不同对企业利润及产品价格的影响进行分析。结果表明，通过将成本转嫁给消费者，这些产业的产出，在英国市场的份额以及公司利润方面都将会有所变化；并指出，总体而言，所有的参与厂商都将会盈利，但是钢铁和水泥部门的市场份额会有所降低，而铝产业则将完全倒闭。Alex Y. Lo（2013）[77]则关注到了基础社会制度及社会形态对碳排放权交易实施的影响。作者重点分析中国这一社会主义国家实施碳排放权交易，与传统资本主义国家实施碳排放权交易之间的区别。

从年均碳排放总量来看，中国是世界上最大的碳排放国。因此，中国的碳减排策略吸引了众多学者的关注。Lian – Biao Cui 等（2014）[78]结合中国设定的碳减排目标构建了实现排放的三种情境，包括省际的排放权交易、试点地区间的排放权交易以及不采用碳交易手段，并分三种情境对中国试点达标排放的减排成本进行了分析。研究表明，为了实现 42.5% 的碳强度减排目标，中国在 2005—2020 年累计需要减排 819 Mt 的 CO_2。省际、试点地区间减排方案下的碳减排价格分别为 99 元/吨 CO_2 和 53 元/吨 CO_2，并且分别能够减少总减排成本的 4.5% 和 23.67%。研究同样表明，碳排放权交易对碳减排成本降低的影响呈现出明显的地区差异。东西部地区的作用要明显高于中部地区。敏感性分析也进一步验证了该文的结论。Michael Hübler 等（2014）[79]利用跨部门、跨产业的可计算一般均衡模型，对碳排放权交易政策的实施效果进行了分析。设定 2020 年的碳排放强度在 2005 年的基础上降低 45% 的研究表明，碳排放权交易对中国将会造成极微小（1%）的财富损失，而这一影响将在 2030 年降低到 0.5%。作者同时也指出，相较于免费的配额分配制度而言，全部拍卖的配额分配制度将带来更明显的减排效果。P. Zhou 等（2013）[80]考虑了中国不同地区的经济发展水平及技术水平差异对各地推进碳减排的影响，绘制了中国不同省份的边际减排成本曲线，利用非线性规划模型对省际碳排放权交易的经济影响进行了分析。研究表明，通过实施省际的碳排放权交易，中国的总减排成本将下降 40%。此外，作者还提出了碳排放权配额在省际分配的五大标准。

除上述从理论及模拟等方式对碳排放权交易进行的探讨外，中国政府也于 2012 年就启动了碳排放权交易的试点工作，2017 年以来全国性的碳减排市场开始逐步启动。对各地试点工作的介绍、评估是学术界关注的焦点（Thomas Stoerk 等，2019）。Duan 等（2014）[81] 根据各地公布的政府文件，对五个地区的碳排放权交易的实施机制进行了比较分析，包括排放总额限定、所覆盖的产业、排放配额在产业间的分配、碳排放基准数据核算、交易规则设计及奖惩机制等法律法规基础。作者认为，各地在排放总量设定及碳排放的监管、报告和核准机制设计上比较一致，然而所覆盖的产业及配额在产业间的分配上存在一定的区别。作者进一步将中国试点地区的机制设计同欧盟地区的 EU ETS 机制进行了比较分析，并具体解释了机制设计差异存在的原因。Jingjing Jiang 等（2014）[82] 对中国第一个碳排放权交易市场——深圳碳排放权交易体系的制度设计及操作流程进行了全面的讨论与回顾。他们认为构建碳排放权交易系统的关键在于实现经济增长、产业转型及碳排放控制的协调发展，而其中，碳排放权配额的分配则是影响这三者关系的关键。据此，作者构建了制造业企业间的竞争博弈模型，对碳排放权配额分配的影响进行了分析。Libo Wu 等（2014）[83] 对上海碳排放交易市场的构建进行了回顾与总结，并重点介绍了上海碳排放权交易市场的实施思路、运营策略、操作步骤及其现状。据此，作者还分析了下一步上海碳排放权交易市场改进的空间与思路。Zhenliang Liao 等（2014）[84] 对上海碳排放权交易市场的配额分配方式进行了具体介绍与分析。

刘宇等（2016）分析了天津碳交易试点的现状后指出，天津市碳交易试点的减排效果较明显，而且负面经济影响有限。熊灵等（2016）指出了中国碳交易试点配额分配中存在的问题，包括总量过剩、鞭打快牛、双重计算、基准随意、拍卖过少、规则不透明等。谭秀杰等（2018）认为湖北碳交易试点在碳价格稳定机制上取得了较好的成果，包括配额分类管理及注销机制、企业配额事后调节机制、配额投放和回购机制、碳价格涨跌幅限制机制，这为碳市场的平稳运行发挥了重要作用。易兰等（2018）构建了 34 个指标，结合中国七大碳交易试点 2013—2016 年的运行数据对试点的情况进行了综合评价，并提出了一系列完善碳交易市场的建议。高艳丽等（2019）比较了我国碳交易试点区与非试点区建设用地碳排放强度的变化趋势发现，试点区的碳排放强度值总体呈下降趋势，非试点区则略有上升，而且碳排放权交易政策显著降低了建设用地的碳排放强度。范丹、王维国等（2017）的分析则指出，碳排污权交易机制在一定程度上降低了现阶段碳排放总量，但对经济产出的影响微弱；碳排放交易权试点政策并没有提高试点省份的工业全要素生产率，而对技术进步率有显著的提升作用。刘传明、孙喆等（2019）认为由于各试点在经济发展、产业结构等方面存在差异，导致各试点省份的碳减排效果存在差异，相较而言，广东、天津、湖北、重庆等试点省市的碳减排效果较为明显。杨博文、尹彦辉等（2020）的研究结果则有所差异，他们指出：广东的减排效果影响明显，但湖北的减排效果影响并不显著，其原因可能与两地的政策执行效果具有较大关系。由此，众多学者建议，在制定减排政策时不能采取"一刀切"，应因地制宜地进行碳交易试点的建设，从而实现碳减排目标。不过，尽管七大试点地区的碳排放权交易开展得如火如荼，但是考虑到中国不同地区间的发展面临巨大的差异，这也使得不同地区间的碳排放现状也各不相同，给构建全国统一的碳排放权交易市场造成了巨大的挑战（Guangxiao Huang 等，2014）[85]。

1.2.4 碳税与碳排放权交易的比较分析

碳税与碳交易的作用机理均在于通过对 CO_2 和其他温室气体进行定价，引导人们消费模式的转变，激励企业加大节能减排领域的研发与投资，进而实现碳减排（朱苏荣，2012）[86]。尽管基于市场机制的碳减排政策手段已经在国际社会达成一致认可，但有关碳税与碳排放权交易的手段选择仍然在学术界和政界存在一定的分歧。

Johansson B.（2006）[87]从理论的角度讨论了碳税与碳交易政策实施对不同产业的 CO_2 排放及产值造成的影响。作者从能源效率提升、能源替代理论等角度的分析指出，从全球整体的碳减排影响最明显的角度而言，不考虑税制减免的碳税政策以及拍卖机制下的排放权交易存在理论优势。然而，这种政策也会对部分小国家造成损害。而相对于其他政策而言，不考虑强度的配额分配计划下的排放权交易政策将为碳排放主体提供最明确的激励计划，对企业的产出水平影响也最小。Wittneben（2009）[88]从碳排放减少总量、公共财政收入、实施成本、企业的边际减排成本、产生超额租金、定价机制和政策稳定性、持续时间和承诺效果多个角度比较了碳税与碳排放权交易，认为从减排效果来看，国际合作的碳税机制将以更低的减排成本和更快的速度实现碳减排。邱磊（2013）[89]比较了碳税政策和碳排放权交易政策的运作效率，认为尽管碳税机制下企业的减排效率更高，但在碳税机制下，企业的减排成本也要显著高于碳排放权交易政策下的减排成本。同时，作者也指出两种政策均能够激励企业进行技术升级，进而有效降低企业的减排治理成本。Ping He 等（2014）[90]比较了碳排放权交易及碳税政策的实施对生产规模的影响。作者也对各个排放主体（公司）在两种政策手段下的最优排放策略进行了分析。作者认为，在配额交易模式下，公司的最优排放策略及排放权交易策略取决于排放权价格的波动性。当减排成本与配额交易成本（碳税成本）一致时，两种政策都将取得相同的减排效果。否则，两种政策的效果都不能达到政策制定者的预期。

气候经济学大师 Nordhous W.（2010）[91]从政策实施难度的角度分析指出，与碳排放权交易政策相比，征税的手段更为各国政府及民众熟知，操作手段更为成熟，可能更容易为市场所接受。不过，Hepburn（2008）[92]的研究则认为，碳税在全球范围内难以以统一的标准实施，而且征税的方式也更可能受到产业部门的抵制，但因为碳交易可以提供一定的激励机制，所受到的抵制应该会相对较小。Jon Strand（2013）[93]比较了碳税与碳交易的实施成本。

付强、黄毅（2010）[94]认为碳排放税虽然具有保持碳价格稳定、易于管理与推行等优点，但是，它无法确保达到既定的减排目标。如果用环境效益标准来评价，则碳排放权交易优于碳排放税。而在碳排放权交易机制下碳排放权的初始分配应采取增价拍卖方式。顾成昌（2011）[95]从减排量、碳价格模式、减排促进机制、监督约束机制、减排成本、对未来的适应性六个方面对碳交易和碳税进行了比较分析，并提出了衡量最优碳减排措施的三个标准：有效减排、成本最低、稳定性最高。谢来辉（2011）[96]的综述指出，从理论上来看，经济学家更倾向于利用碳税的政策，但从实践的角度来看，碳排放权交易政策更受关注。任志娟（2012）[97]用 Cournot 模型从社会总产出、社会总福利、单个厂商的产出以及利润四个角度比较了强制命令、碳税与碳交易三种政策工具的效果后认为，碳交易的政策效果要优于碳税和行政命令。宋文博（2013）[98]运用情境模拟的方法研究发现，在相同的减排效果下，碳交易政策下企业的减排成本相较碳税要低。不过，为了避免对企业的发展造成影响，有必要对企业的节能减排技术改造进行相应的补助。何禹忠（2011）[99]则认为，因为不同地区的碳排放原因以及经济发展需求的差异，使得在权衡选择碳税或碳交易政策时需要考虑在不确定性条件下这两种工具的相对优势及判定条件。李伯涛（2012）[100]的综述分析也指出，碳税和碳排放权交易两种政策各有优劣，关键在于如何对政策工具进行合理的设计。

部分学者从单一行业的角度对两种政策的利弊进行了比较分析。El Khatib S. T.（2011）[101]分别考虑了碳排放权交易和碳税机制在寡头电力市场中的作用。在碳排放权交易情境下，作者考虑了每小时发电成本、发电厂商排放强度、排放总量限制及需求弹性。同时，作者基于最大社会福利的角度进一步考虑了碳排放配额免费分配和拍卖分配两种机制的情境，而在碳税情境下则考虑了发电厂商的每小时发电成本、发电厂商排放强度、碳税惩罚及需求弹性。作者的研究指出，两种机制都将对发电厂商的市场势力及利润造成影响，也均将为碳排放提供明确的价格信号，并为厂商参与碳减排提供激励。就碳排放权交易而言，基于社会福利最大化的配额拍卖机制更适用于寡头发电厂商，但是由于拍卖策略的差异性，拍卖机制的使用使得发电市场均衡状态的不确定性加强，对发电厂商的预测工作造成影响。碳税机制能够为企业是否投资清洁技术提供明确的价格信号，但同时也增加了企业预测未来经济产值产出的不确定性。总体而言，相较碳交易，碳税能为发电厂商提供更高的利润，而为消费者提供更多的消费者剩余。由此，作者认为在寡头电力市场，碳税机制的减排效果及经济影响将更为合理。万敏（2012）[102]分析了碳税与碳交易政策对电力行业的影响。Strand J.（2013）[103]基于对化石燃料进口商这一政策集团的分析认为，该集团更倾向于选择碳税而非碳排放权交易，因为当政策集团更大时而后的进口价格将会降低。而且碳税机制也更有利于政策集团推动政府实施补贴措施。碳税机制下的最优补偿价格将低于碳税税率，而在免费配额分配的排放权交易下，最优补偿价格必须与排放权交易价格相等。张巧良等（2014）[104]分析了高排放企业在碳税与碳排放权情境下企业生产成本对碳减排的敏感性系数及减排效果。作者通过构建企业的生产成本函数、碳排放量函数及生产成本对碳减排的敏感性系数，设置碳税、碳税与补贴、排放权交易、排放权交易与补贴四种情境，针对每种情境设置了六种政策水平。作者基于火电、钢铁、水泥、电解铝四个行业30家上市公司的分析表明，排放权交易比单独征收碳税的效果理想，最理想的政策是在实施排放权交易制度的同时辅以补贴政策。

公众对政策的认可与接受是政府部门在政策选择及制定时需要重点考虑的因素。Abigail L. Bristow 等（2010）[105] 从这一角度对碳税及碳排放权交易政策在社会公众中的接受性进行了理论探讨。作者指出，政策实施的便捷性及其对个人生活的影响是影响个人选择的最重要的因素。

鉴于两种政策手段各有利弊，近年来，众多学者把关注的热点放在构建碳税和碳交易的复合政策体系（Erik Haites，2018）上，通过构建两种政策同时实施的组合政策工具来实现碳排放总量控制。Sorrell 等（2003）[106] 对碳排放权交易政策及碳税政策的组合政策设计进行了探讨。作者从能源效率变化的角度分析指出，从静态或动态效率的变化来看，这种组合政策是有效的。然而，作者也指出，当没有明确的减排要求的时候，这种组合政策将会增加总体的减排成本，因此，组合政策的减排目标及两种政策间的均衡必须明确。Lee 等（2008）[107] 结合碳税制度实现减排的约束性作用以及配额交易制度所实现的减排激励作用，构建了基于碳税和碳交易相整合的政策工具，并将此整合型的政策工具与单一碳税政策的作用效果进行比较后指出：如果实施碳税，石油化工产业的 GDP 损失将达到 5.7%，但是如果碳税和碳交易结合使用，同期（2011—2020 年）的这一损失将降低到 4.7%。此外，在石油化工产业内部，上游产业也将从碳交易中获取利润，而下游产业则需要额外购买排放权来实现减排目标。由此，作者指出碳税和碳排放相结合的方式对 GDP 造成的损失会更小。魏庆坡（2015）分析了碳交易和碳税并行的路径，指出相对减排目标下的碳交易能够和碳税兼容。申嫦娥等（2014）从税务实施的角度，设计了一套碳交易和碳税联合应用的方案。张皓月、张静文等（2019）总结国外的碳治理路径选择及效果分析后认为，我国当前的碳排放权交易市场需要进一步完善监管及碳配额分配机制，并建议考虑碳税与碳交易并行的政策体系。中国财政科学研究院课题组在 2018 年的研究也指出，受覆盖面和调控范围限制、碳市场中价格形成机制构建难度大以及可能发生市场失灵等因素影响，仅以碳交易一种手段并不能有效解决中国碳减排的所有问题，建议我国应统筹考虑碳交易和碳税并行的政策体系。张博等（2016）在总结国内外实践的基础之上，设计了一套混合碳税和碳交易的政策体系，能够充分发挥碳税低制度成本的优势以及碳交易更具灵活性的市场机制。Wang 和 Zhou（2016）设计了单一碳税以及碳税与碳交易合用两种减排情境，在两种情境下模拟分析三种减排目标对中国经济的影响。结果表明：单一碳税情境对整个经济和 11 个主要经济部门都会产生不同程度的负面影响；将碳排放交易引入后的结果表明，这将减缓碳税对我国经济的影响，对低碳能源行业产生积极影响。碳税与碳交易相结合的减排政策更符合我国的实际情况。Hu 和 Yang 等（2020）认为，针对再制造业而言，碳交易政策的效果要优于碳税政策；不过，在两种政策下，政府的补贴政策都有效。Cao Jing 等（2019）对中国电力和水泥行业的模拟分析认为：基于碳交易和碳税的复合政策可以在较低的碳减排成本和 GDP 损失的情况下实现相同的二氧化碳排放目标；而且，碳排放权交易的机制设计中配额分配机制对复合政策系统的效率有明显影响。

作为全球碳排放总量规模最大的国家，中国的碳减排政策也主要围绕碳税或是碳排放权交易政策展开，学术界也对这两种政策在中国的应用效果进行了大量的探讨。顾成昌（2011）[108]结合我国能源结构以煤炭为主，碳排放主要集中在工业领域的基本国情，提出了中国碳排放的治理政策：通过开征碳税，并结合其他财税、产业政策来促进我国能源结构和产业结构调整，优化能源和产业结构，提高能源利用效率，实现减排目标。俞业夔等（2014）[109]从减排成本的角度采用边际分析的方法对碳排放权交易和碳税机制在中国的适用性进行了比较分析。作者认为，中国碳减排量的边际成本曲线的斜率绝对值在短期内要大于边际收益曲线，而在长期内则小于边际收益曲线。由此，作者认为在短期中国应实施碳税政策，而从长期来看则应推进碳排放权交易政策。王京安和韩立（2013）[110]从施行成本、减排效果、政治可行性和对技术的激励作用四个方面进行详细对比分析后认为，在成熟的市场经济条件下，碳排放权交易制度拥有碳税制度无法比拟的优势。不过，作者认为考虑到当前我国市场体制机制的缺陷，建立全国统一的碳交易市场是一项长期的任务，在初期，碳税制度更适用于中国。王灿等（2005）[111]、曹静（2009）[112]、姚昕和刘希颖（2010）[113]运用 CGE 模型分析得到的结论与此类似。刘伯酉（2013）[114]分析了当前碳税和碳交易在各国的实施现状，并详细阐述了国际碳金融市场发展呈现的新特点，包括市场参与度更高、面临金融危机的冲击、减排要求的趋紧趋严格以及对碳定价权的争夺更加激烈等。综合上述分析，结合中国的实际情况，作者认为我国在短期内碳税较为合理，长期来看碳排放权交易更为合适，而且两种政策手段相结合的方式也值得重点考虑。刘小川和汪曾涛（2009）[115]的研究也得到了类似的结论。郑爽和窦勇（2013）[116]认为碳税和碳交易政策并不是简单的相互替代关系，而是可以相互补充。但同时实施两种政策将大幅度提高政策协调难度，并引起价格信号混乱。他们认为，基于当前我国的经济发展水平与趋势以及产业结构、能源结构的现状，现阶段实施碳税将产生较高的经济和社会代价。由此作者认为现阶段碳税政策并不合适。

综上，碳交易与碳税两种政策手段的比较见表1-1。

表1-1 碳交易与碳税政策比较

政策工具	碳交易	碳税
基础原理	科斯定理	庇古税与环境税
政策优势	总量可控； 配额交易使得高效率减排的企业能够获取收益，激励减排行为； 企业能够根据配额价格决策进行减排或购买配额，实现社会整体碳减排成本最小； 面临的法律障碍较小，可执行性和可操作性高	价格信号明确，避免市场失灵； 税收资金稳定，有利于支持替代能源研发，也可以为节能减排企业提供税收优惠； 既有制度和组织机构能够用于执行碳税，节约实施成本； 碳税的税率根据碳排放的社会成本来确定，符合污染者付费原则
政策弊端	碳配额价格波动大对企业生产经营决策行为有影响； 交易制度中补偿条款的存在无法确保减排目标实现； 社会成本不确定； 对减排行为的监管成本较高	税率统一，无法考虑地区间减排成本的差异； 能够产生的环境效果并不确定，即排放总量不可控； 法律障碍较高，政治阻力可能较大
实施难点	合理的排放总量难以确定； 配额分配方式的合理性	税率难以明确

综述上文研究，可以发现现有的针对我国低碳经济发展现状的评估及碳排放特征的研究存在两大特征：一方面主成分分析、DEA模型等主流评估方法仍是主流。此类模型能够较简洁地对整体效果进行评估，但忽略了细分结构间的影响。而低碳经济建设所涉及的经济—能源—社会系统间存在复杂的耦合关联，评估低碳经济建设的政策实施成效，既要考虑指标体系整体及单个指标的水平，也要考虑指标间的关联及互动关系；既要考虑整体的效果，也要充分考虑子维度之间发展的均衡性。另一方面，当前对碳减排的研究更多的是关注宏观区域层面的总量控制，即考虑全国或某一区域的减排总量问题。但是，因产

业结构与能源结构的差异，不同地区、不同产业存在的减排空间及减排效率也有一定的差异，在总量控制的前提下，有必要进一步关注碳减排的结构问题，以实现减排成本、减排效率及减排效果的协调统一。

在发展低碳经济、促进碳减排的政策选择上，碳税与碳交易政策是学术界与政界关注的主流。结合上文的综述可以发现，现有的针对碳税与碳交易的政策效果研究主要包括三大特征：一是从研究对象来看，大部分工作的研究对象都集中面向全球市场的粗略分析，这忽略了地区间的差异性。少数面向单一区域的研究也集中在北美、北欧等发达国家与地区；面向中国的研究，要么太早，要么太简单，仅在静态框架下进行简单的分析运算，缺少更新、更全面的分析，而且有部分研究也忽略了同一区域内因产业与能源结构差异导致的碳减排效果在经济结构上影响的不同。二是从研究的视角来看，针对两种政策工具的理论分析与比较较为丰富，针对单一政策手段的模拟分析也比较充足；从理论分析的结果来看，不同学者因关注重点及研究背景的不同，对政策的理论效果也存在一定的争议，但都提出了两类政策在机制设计及实施过程中需要重点关注的问题，如税率设置及配额分配机制等；从模拟与实证分析的结果来看，对不同政策工具效果的比较分析则相对不足，尤其是量化分析模型，而且充分考虑不同税率水平与配额分配机制下对两种政策工具对同一对象的比较分析也比较缺乏。三是从研究的内容来看，现有文献对政策工具的比较基本都包含两个方面：一方面是政策的实施成本与运行成本；另一方面是政策实施带来的影响。对于实施成本与运行成本的考虑，更多的是通过定性分析来实现，也有部分学者运用博弈论的方法进行讨论，但过多的假设条件，对分析结果的准确性和科学性造成了一定的影响。而对于政策实施带来的影响，除了考虑 GDP 等宏观经济要素之外，同样也要考虑对产业结构变迁乃至社会福利因素中就业等部门的影响，而这些在现有的研究中表现有所不足。

1.3　研究内容与方法

1.3.1　研究框架与内容

在全球推动碳减排的宏观背景下，结合我国全面推进低碳经济建设、积极部署环境经济政策试点工作的时代背景，本书试图科学分析低碳经济背景下我国碳减排的现状与特征，在对碳税和碳排放权交易政策工具的效果进行分析的基础上得到两种政策工具的效果差异以指导政策工具的选择，并提出促进我国低碳经济发展和碳减排的政策建议。

为此，本书从文献梳理和理论分析入手，阐述了碳减排问题的经济学分析基础，并分别对基于庇古税的碳税和基于科斯定理的碳排放权交易政策的作用机理及影响进行具体分析（第2章），通过系统总结和分析国内外碳税和碳排放权交易政策实施的实践，观察二者对经济发展的影响（第3章）。然后，构建模型从碳减排效率和碳减排潜力两个角度对低碳经济背景下我国碳减排的特征进行深度分析，对影响不同地区碳排放的核心因素进行讨论，明确各个地区的相对减排空间与减排潜力及促进减排着力点（第4章）。通过上述实证分析明确了我国碳减排的现状与问题。在此基础上，基于投入产出理论与能源替代理论构建了碳税政策的效果评估模型（第5章）。基于 Multi – Agent（多主体）的方法构建了碳交易政策的仿真分析模型（第6章），以我国八部门经济为例，对碳税与碳交易的减排效果、减排成本及其对经济发展的影响进行比较分析。在此基础上，对碳税与碳交易的政策效果差异进行了比较，并得到选择政策工具时的政策启示（第7章）。综合上述研究基础，本书以武汉市为例，在分析武汉低碳经济发展现状的基础上，综合考虑碳税与碳交易政策的适用特征，讨论了武汉市碳减排政策工具的选择（第8章）。最后，第9章基于上述分析提出了促进我国低碳经济发展和碳减排的政策建议，并对全文进行了总结。全书研究逻辑框架如图1-1所示。

1.3.2 研究方法

结合本书研究主题，采取理论分析与实证检验、定性分析与定量分析相结合的研究思路。具体包括以下内容：

1. 文献总结与经验分析

文献检索和阅读是本研究的前提和基础。碳税与碳交易政策的模拟研究历史不长，在国内更是较新的领域。研究问题的提出、研究命题的确定以及研究思路的形成都是建立在大量的文献检索和阅读基础上，尤其是外文文献。本研究中的国内外经验总结也是通过阅读大量的文献与研究报告搜集整理而成的。

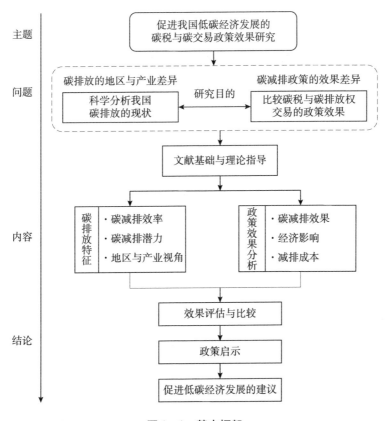

图 1-1　基本框架

2. 向量夹角与面板数据计量分析

利用向量夹角与距离的方法，可以将低碳经济的建设现状与规划目标进行比较，对低碳经济发展的协调偏差和目标距离进行准确衡量，探究与分析当前低碳经济发展过程中存在的问题。运用面板数据的计量分析可以准确识别影响我国低碳经济与碳减排的核心因素，为相关政策建议的提出打下基础。

3. 非期望产出 DEA 模型

考虑到 CO_2 排放是生产过程中的一种非期望产出，利用改进的非期望产出 DEA 模型，从 CO_2 排放与 GDP 增长协调发展的角度对我国低碳经济发展的碳减排效率进行评估与分析。同时，进一步根据该模型所确定的碳减排效率前沿面，对碳减排潜力进行计算评估。

4. 基于 Multi – Agent 的仿真模型

对碳税和碳交易的实施效果评估均是采用模拟与仿真的手段进行。其中，基于投入产出理论与能源替代理论对碳税的实施效果进行评估，基于 Multi – Agent 的模型对碳交易的实施效果进行了研究，为政策制定者选择合适的环境经济政策手段提供了基本思路与参考。

1.4　特点与创新点

本书紧扣低碳经济与碳减排这一时代主题，结合当前我国加快推进碳减排工作的实践需求，深度分析了我国各行业、各地区碳排放现状与特征，并对碳税和碳排放权交易的政策效果进行了评估与比较，旨在讨论一个地区，应该如何根据本地区经济发展的基础与需求、碳排放的现状，选择合适的碳减排政策工具，以促进碳减排、推动低碳经济发展。并以低碳经济试点城市——武汉为例，在对武汉市低碳经济发展现状进行深度评估的基础上，分析了武汉市碳减排政策工具的选择。全书在研究视角和研究方法上具备以下创新特征。

（1）充分考虑不同地区碳减排的差异性，从碳减排效率和碳减排潜力两个角度对不同地区的碳排放现状进行了深度分析，从总量和结构两个维度对我国碳排放情况进行了讨论。我国不同地区间经济基础、产业结构差异巨大，使得各地在推进碳减排过程中的重点工作、减排需求、减排成本等方面均有所差异。本书利用非期望产出 DEA 模型，对我国碳减排效率及碳减排潜力进行了评估，并以这两个维度对各地区的碳减排特征进行系统分析，在此基础上利用面板数据的计量分析寻找影响我国碳排放及其效率提升的核心因素，并找准影响二氧化碳减排的核心部门与环节，寻找促进低碳转型的核心路径和手段。

（2）提出了碳税及碳排放权交易政策工具的分析框架，并分别构建模型对政策效果进行了讨论。碳税政策的作用效果主要是通过征税所引起的能源价格波动，进而引发能源间的替代作用以及能源与非能源生产要素间的替代作用，来实现征收碳税的环境效应和经济效应。鉴于此，本书基于投入产出理论及能源替代理论，利用生产函数构建了碳税的分析模型。同时，本书基于 Multi – Agent 构建了碳排放权交易政策效果评估的仿真模型，对不同配额分配机制下碳交易政策对各个经济部门影响的差异进行了研究，利用两个模型分别对碳税及碳交易政策效果进行了分析。

（3）量化比较了碳税和碳排放权交易政策的减排效果、减排成本及对经济发展的影响，并据此总结出碳税和碳交易政策的适应条件，提出了相关政策启示。环境经济学、新制度经济学以及公共政策学科等领域已经从理论上分析了税和排污权交易政策的利弊，但原有的定量研究，更多的是分别研究环境税或排放权交易的整体影响，评估的对象有所差异，导致很难将二者结合起来进行比较分析。本研究在同一研究框架与区域内，对碳税和碳交易的影响进行比较分析，使得不同政策工具在减排效果、减排成本及对经济发展的影响三者间的区别更为直观。同时，本书据此总结了碳税和碳交易政策的适应条件，进一步提出了相关政策启示。

（4）提出了基于标杆管理的低碳经济发展现状评估模型与方法。低碳经济建设是一个复杂的系统工程，经济—能源—社会系统间存在复杂的耦合关联，评估低碳经济建设的成效，既要考虑指标体系整体及单个指标的水平，也要考虑指标间的关联互动及协调发展。本书运用向量夹角和距离的方法将低碳经济建设的指标现状值与规划目标值进行比较，从目标值偏差（数量差距）和协调度偏差（方向差距）的角度综合分析和评估低碳经济建设的成效，评估的视角、方法更为科学，评估的结果也更为准确。

第2章 碳减排问题的理论分析基础

低碳经济的核心目标在于发展经济的同时有效推动碳减排。碳排放具有典型的公共物品特征。环境经济学及新制度经济学的一系列理论为解决公共物品治理过程中的外部性问题提供了有效的解决途径，包括基于庇古税的碳税政策以及基于科斯定理的碳排放权交易政策。本章在对碳减排问题的经济学属性进行界定的基础上，分别对碳税政策和碳排放权交易政策的理论基础进行回顾，并据此提出了这两种政策的作用机理分析框架。

2.1 碳减排问题的理论特征

从上文的背景介绍可知，人类社会工业化进程的快速推进是导致全球 CO_2 大量排放的直接原因。然而，以 CO_2 为核心的温室气体排放的环境容量与环境空间特征决定了 CO_2 排放具有典型的公共物品特征。陈晓红、王陟昀(2011)[117]对碳排放的公共物品特性进行了详细论述，而 CO_2 排放这类公共物品所具有的外部性特征则是 CO_2 过量排放的根本原因。由此，减少 CO_2 过度排放的关键可以从经济发展模式与解决 CO_2 排放的外部性这两个角度入手。

2.1.1 碳减排与低碳经济

人类社会当前与传统能源联系紧密的工业化发展模式决定了 CO_2 大量排放的必然性。由此，要实现 CO_2 排放的可控，缓解气候问题的危害，必然要对现有的经济社会发展模式进行改造与优化。对此，英国在 2003 年 2 月发布的能源白皮书《我们未来的能源：创建低碳经济》中正式提出了低碳经济模式。

所谓低碳经济是以低能耗、低污染、低排放为基础的经济模式。

由低碳经济的内涵可以发现，低碳经济实质上是改变与优化在推进经济发展过程中生产和生活领域的能源使用模式，主要涉及企业生产模式以及公众消费模式的改变。因此，必须对排污企业提供相应的激励机制，推动企业碳减排。企业生产活动的目的在于实现利润最大化，因此，对企业的激励与约束可以从收益和成本的角度入手。具体而言，就是要通过价格信号来明确高碳生产模式与低碳生产模式之间的成本差异、高碳产品与低碳产品之间的利润差异，使得企业在价格信号的引导作用下实现低碳转型。此外，价格信号同样也能推动能源技术和减排技术创新。技术进步不仅需要政府加大低碳技术研发投入，还需要企业加大研发投入，而只有当高碳模式价格相对较高，从而使得低碳技术有广阔的市场前景时，企业才会加大低碳技术研发力度。

2.1.2 碳排放与外部性

1968 年，美国学者哈丁的《公地的悲剧》揭示出公共物品的产权不明，将会导致资源过度使用。陈晓红、王陟昀（2011）[117] 指出碳排放与碳减排的公共物品属性体现在外部环境纳污容量、环境资源的公共品特性。CO_2 的公共品特性也表明碳排放与碳减排行为具有明显的外部性。外部性（Externality）是指社会成员（包括组织和个人）从事经济活动时，其成本与后果不完全由该行为人承担。

在碳减排领域，二氧化碳的过度排放和实施碳减排存在明显的正外部性（Positive Externality）和负外部性（Negative Externality）。所谓碳排放的负外部性是指，由于碳排放者无须为过多排放的 CO_2 承担额外的成本，因此碳排放者会无节制地对外排放。而所谓碳排放的正外部性则是指，因降低碳排放带来的收益不仅仅被碳减排者收获（如品牌效益、企业形象建设以及绿色食品的溢价等），也让整个社会受益（如外部环境得以改变）。不过，由于碳排放的正外部性一般无法或很难得到直接的相应的激励或补偿，而且很容易存在"搭便车"的行为，因此碳减排者往往没有持续和主动实施碳减排生产行为的动力和积极性。

针对温室气体（CO_2）排放的公共品特性以及由此带来的外部性问题一直是学术界关注的热点问题。一般认为，解决外部性的问题主要有三种途径。其一是环境管制的方法，通过强制性的政策及法规要求对排放行为进行约束，包括限定污染排放的种类、数量与排放方式，一般规制的手段包括制定环境标准等。其二是从传统福利经济学视角出发的庇古税，即向污染者的污染排放行为征税。征税能够将污染物进行定价，从而实现外部成本的内部化，进而对碳排放者的碳排放行为进行约束。其三是从新制度经济学的角度，在对污染物排放总量控制以及排放配额分配的基础上，通过排放配额的交易来实现污染物减排的成本最小化以及成效最大化。

鉴于环境标准主要是通过政府的强制性手段对企业的排污行为进行约束，很容易对企业正常的生产行为也造成影响，不仅增加了管理成本，导致"政府失灵"，也难以实现管理成效与效率的最优化。因此，本章主要对基于市场手段的环境税（碳税）和排放权交易（碳交易）的基础理论进行介绍。

2.2　碳税政策的理论基础及作用机理

碳税政策的理论基础是庇古税。而对基于能源消耗产生的 CO_2 排放行为征收碳税则会将征收碳税的成本传递给能源价格，进而引发能源间的替代作用以及能源要素和其他生产要素间的替代作用，并因此分别对各个生产部门的 CO_2 排放及经济产出造成影响。

2.2.1　环境经济学、庇古税与碳税

1920 年，福利经济学家庇古在出版的《福利经济学》一书中对外部性的问题进行了系统分析，提出了通过将税收用于污染治理行为的办法来解决环境污染治理中的外部不经济性问题。

1. 庇古税的原理

庇古税的基本原理如图 2 - 1 所示。在污染的生产过程中，污染的边际社会成本（Marginal Social Cost，MSC）大于其边际私人成本（Marginal Personal Cost，MPC），从而造成了负的外部性。庇古用边际私人纯产值和边际社会纯产值来说明社会资源的最优配置标准。图 2 - 1 中 *MSC* 表示企业生产产品的边

际社会成本曲线，MPC 表示边际私人成本曲线，D 表示需求曲线。如果政府不对市场进行干预（不额外征税），则供给曲线 MPC 和需求曲线 D 相交于 C 点，表明企业会生产 Q 数量的产品。在政府征税的条件下，厂商的边际私人成本曲线上移，得到新的边际私人成本曲线（MPC + CT），并与需求曲线 D 相交于 A 点，新的均衡产量为 Q^*，市场均衡价格为 P^*。此时，对于新的边际私人成本曲线，Q^* 即为新的最优产量。而新的边际私人成本曲线上升的幅度 AB 即为政府所征税的单位税收额。在新的均衡产量 Q^* 下，厂商的生产决策实际上是建立在同步考虑边际私人成本与庇古税基础上的，相当于厂商在生产决策过程中考虑了边际社会成本，从而有效地实现了外部社会成本内部化。

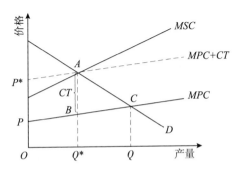

图 2 - 1 庇古税的作用原理

2. 庇古税情境下排污主体的行为决策依据

庇古税解决外部性问题的思路在于通过引入税收对经济活动进行干预，经济活动中产生的扭曲和效率缺失以税收的形式加以矫正。通过对污染品征税，使环境污染的外部成本内部化，增加了污染企业的生产成本，既能够降低私人的边际收益，也能够倒逼企业减少污染物的排放，进而降低对环境的污染。同时，通过对污染行为（产品）征税，可以引导厂商在治理污染和缴纳排污税之间进行选择。在征收庇古税的情况下，厂商在继续排污及污染治理之间的决策依据为：

（1）当厂商的边际治理成本大于排污税额时，厂商将选择缴纳排污税而不是加强污染物排放的治理；

（2）当边际成本小于缴纳的排污税时，厂商将选择治理排污而不是向政府缴纳排污税。

在庇古税机制下，政府能够通过征税获取财政资金并对企业的污染治理行为进行奖励与补贴，而企业也会有更强的动机主动减少排放，以避免缴纳额外的税收成本，二者的结合将进一步激励企业的减排行为。

3. 庇古税的局限与实施难点

尽管庇古提出了通过税收来解决外部性问题的有效思路，不过，从学术分析及实践应用的角度而言，庇古税也存在一定的局限。

从学术分析来看，庇古假定作为公共利益代表者的政府能够自觉按照社会福利最大化，即公共利益最大化的要求对产生外部性的经济活动进行干预；然而，政府决策的出发点在实际活动中也存在其他因素的影响。而且，庇古税中对最优税率和补贴的确定是建立在能够清晰确定引起外部性和受它影响的所有个人的边际成本或收益的基础上；然而，这种完美且完全的信息实际上并不存在。

庇古税在分析假设条件下的局限也使得庇古税在实践中的应用也存在一定的问题。一方面，征税这一行为的推出本身就需要花费政府的执行成本，如果政府的执行成本小于征税行为所能带来的收益，那么征税将带来正的收益；如果政府的执行成本超过征税的收益，征税本身将进一步对经济活动造成损害。另一方面，政府在征税与津贴分配的问题中，可能存在一定的寻租活动，这也会导致资源的浪费和资源配置的扭曲。

2.2.2　碳税政策的减排机理及经济影响

征收碳税将影响到企业的生产成本，进而影响产品价格。碳税的征收最直接的冲击即为影响能源资源的价格。作为一种重要的生产资料，能源价格提升，一方面，企业可能会寻求新的生产资料对能源进行替代，或者用受冲击较小的新能源代替传统能源，这都将引发生产要素间的替代作用；另一方面，生产要素价格的提高也将对整个产业部门造成冲击，进而在宏观上影响产业结构的调整与变迁。其中，前者通过价格的倒逼实现能源间替代及生产要素间的替代，将对企业的碳排放行为产生影响，表现为碳税的环境效应。而后者则同样通过市场价格的信号引导，使得要素资源在不同产业间实现再分配，对经济总量和经济结构产生影响，表现为碳税的经济效应。此外，征收碳税还可以增加政府财政收入，使得政府增加社会福利、调节收入分配等方面的能力也大幅增强，这表现为碳税的社会福利效应。

由上文的分析可知，碳税政策的政策效果将主要通过对产业结构及能源结构的影响两个维度予以呈现。图 2 - 2 为碳税政策的碳减排效果及经济影响传递路径。

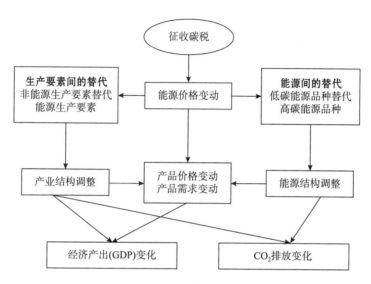

图 2 - 2　碳税政策的碳减排效果及经济影响传递路径

1. 碳税的环境效应及能源替代理论

由上文的分析可知，碳税的环境效应实质是通过能源资源与其他生产要素间、能源与能源间的替代效应实现的，其理论基础即为能源替代理论（Energy Substitution Theory）。能源替代理论的要素特征如表 2 - 1。

表 2 - 1　能源替代理论要素特征

替代范畴	替代内容	作用
能源内部替代	煤炭与石油，石油与天然气	能源结构优化
能源外部替代	资本与能源，劳动力与能源	生产要素投入的优化

由表 2 - 1 可知，从能源替代的对象来看，能源替代包括两个层次的内容：第一，从能源的内部结构来看，能源替代理论是指不同能源间的替代关系，如石油与煤炭、天然气与汽油等，也包括清洁能源对非清洁能源的替代等，强调的是能源内部替代关系，这实质上是指能源结构的优化；第二，从

生产经营活动中的投入要素来看，能源替代理论则是指作为资源的核心要素，能源与资本以及劳动力要素之间的替代关系，这实质上是生产部门要素资源的优化。

化石能源的消耗是产生温室气体，尤其是 CO_2 排放的关键。就我国而言，巨大的经济总量是以超规模的能源消耗为基础的，而以煤炭为主的能源结构更是进一步推高了我国碳排放超量问题的严峻性。因此，解决 CO_2 排放的关键就是优化能源的利用方式。具体而言，一方面，要将煤炭等非清洁能源由核电、水电等清洁能源或天然气等碳排放因子较低的能源替代，通过能源结构的优化，实现能源消费增长与碳排放的脱钩；另一方面，要加大投入，实现生产要素之间的替代，通过资本投入带来的技术革新和能源效率提高，实现资本对能源的替代，通过劳动力投入带来的劳动生产效率提升，实现劳动力对能源的替代。

2. 碳税的经济效应及投入产出理论

征收碳税所引发的生产要素替代必将对经济部门产生影响。本书引入投入产出分析来详尽地展示征收碳税后各个经济部门之间的关联及相互影响。

（1）投入产出理论及投入产出表。投入产出理论是由美国经济学家列昂惕夫（W. Leontief）提出的，用于对美国的经济结构进行分析[118]。投入产出分析通过生产要素及产出之间的流动将单纯的经济总量细分为各个经济部门之间的关联。与传统单纯以生产总量为指标的核算体系相比，投入产出分析同时对总量以及总量在各个经济部门之间的细分进行了核算，既展示了经济的总量情况，也分析了经济的内部结构，能更有效、更详尽地对经济发展进行分析。

投入产出表是投入产出分析的基础。根据列昂惕夫的分析，不同经济部门间的互相关联构成了整个国民经济活动。这种部门间的互相关联表现为每个部门都需要利用其他部门提供的产品，并同时为另一部门输出产品。由此，产品形态从产出角度可以划分为中间使用与最终使用两大类，从投入角度可以划分为中间投入和增加值两大类，在产品要素的流通过程中就创造了经济价值。上述经济活动的过程可以用投入产出表表示，具体如表 2-2。

表 2 - 2 投入产出表基本形态

产品消耗（投入）		产品分配（产出）										总产出
		中间使用				最终使用						
		部门1	部门2	…	部门n	合计	消费	资本形成总额	出口	合计	进口	其他	
中间投入	部门1	I					II						
	部门2												
	⋮												
	部门n												
	合计												
增加值	劳动报酬	III											
	⋮												
	合计												
总投入													

投入产出表通过产品要素的流动（分配与产出），在价值形式的条件下揭示了各个经济部门间的技术关联和经济关系。从投入产出表的结构来看，可以分为三个大的象限（模块）。

1）第 I 象限反映了经济部门间相互提供产品供生产和消耗的过程。

2）第 II 象限反映了各个部门产品与服务的最终流向。第 I 象限和第 II 象限从产出角度描述了各个经济部门产品与服务的价值量。

3）第 III 象限反映了各个经济部门的增加值及其构成情况，该象限与第 I 象限一起从投入的角度描述了各个经济部门产品与服务的价值量。

投入产出表通过上述三大部分间的相互连接，从总量和结构上全面、系统地反映国民经济各部门从生产到最终使用这一完整的实物运动过程。其中，国民经济整体及各个经济部门的总产出与总投入间保持平衡。

利用投入产出表分析，主要就是根据总投入与总产出的计算，以及投入与产出之间的平衡关系进行，这可以通过直接消耗系数与完全消耗系数表现出来。其中，直接消耗系数表示中间使用与总产出之间的数量关系。完全消耗系数则指单位最终产品的生产对其他部门提供的总产品或中间产品的全部使用量，除直接消耗外，还包括通过以前各个生产阶段中其他中间产品所转移过来的同类的间接消耗在内。这就是说，完全消耗系数表现了国民经济各个部门间相互消耗和相互提供产品的直接关系和所有的间接关系。

（2）投入产出技术研究环境经济政策实施影响的优势及可行性分析。促进低碳经济与"两型社会"发展的关键在于在不影响经济发展的前提下实现环境保护与对 CO_2 排放总量的控制。因此，分析环境经济政策的实施对经济的影响，不仅要从经济总量上，也要从经济结构上对各个经济子部门进行深度分析。

通过上述分析可知，投入产出分析可以深刻地揭示国民经济发展过程中各个经济部门之间的关联。

2.3 碳排放权交易政策的理论基础及作用机理

2.3.1 科斯定理与碳排放权交易

1991 年诺贝尔经济学奖得主罗纳德·科斯（Ronald Coase）在《社会成本问题》一书中对传统福利经济学指出的通过庇古税来解决公共产品外部性的问题提出了质疑。从上文的分析可知，传统福利经济学家认为，当 A 的行为对 B 造成负面影响时，即 A 的行为出现负的外部性，需要通过对 A 行为的制约来减少、降低这种负面影响。罗纳德·科斯则指出了传统福利经济学家思考的局限性，即通过制约 A 的行为来减少对 B 的影响，可能反过来对 A 造成了影响，这实质是外部性存在一定的相对性。罗纳德·科斯认为，减少外部性的立足点应该是从社会效益最大化的角度出发，通过 A、B 双方之间的交易实现二者的总收益最大化。

基于社会总收益最大化的出发点，科斯的理论被斯蒂格勒总结为科斯三定理，具体如表 2 - 3 所示。

表 2 - 3 科斯定理基本内容

科斯定理	限制条件	影响
科斯第一定理	交易费用为零 + 初始产权不限	自由交易能够实现社会总产值的最大化
科斯第二定理	交易费用为正 + 产权界定清晰	产权的界定会影响到资源的配置效率。产权调整当且仅当社会总产值的增长值大于交易成本时才会发生
科斯第三定理		产权的确定有利于降低交易成本

科斯定理的实质是通过对产权和交易费用的论述，指出产权的界定对资源配置效率和社会经济绩效有着明显的影响，并明确了只要产权界定清晰、交易费用足够低，当事人之间便可通过自由交易的市场机制实现外部性的内部化，而无须政府的干预。从科斯定理的限定条件与基础可以看出，低廉的交易费用和清晰的产权是实现自由交易的基础。由此可以看出，分析排放权交易的基础是产权及交易成本理论。

新制度经济学认为，产权是一种通过社会强制而实现的对某种经济物品的多种用途进行选择的权利。一般而言，产权的基本功能包括三个方面：第一，通过产权制度的设计可以实现激励功能和约束功能，其中前者通过利益分享机制来实现，后者则是通过产权的责任机制来实现；第二，通过产权的明确可以使得外部性内在化，从而解决负的外部性的问题；第三，在产权明确的前提下，通过产权之间的交换、转移来实现资源的有效配置。

产权理论和科斯定理为解决碳排放问题提供了一种新的方法。政府可以通过设定总量一定的碳排放量（限定环境容量），以此为约束向不同的排放主体分发排放配额（明确产权），并允许不同的排放主体对排放配额进行交易，进而在满足排放限量的基础上实现碳配额资源的有效配置，达到成本—效益最优。

2.3.2　碳排放权交易机制体系及其作用机理

由上文的介绍可知，碳排放权交易机制可以划分为总量控制—排放权初始分配—排放权交易三个步骤。

1. 总量控制与最佳排放量

总量控制是碳排放权交易运行的基础。只有在总量约束下，才能确定碳排放配额并对其进行合理分配。总量控制的关键在于确定最佳排放量。由科斯定理可知，确定最佳排放量的标准在于实现社会边际收益和社会边际成本相等。图 2-3 对这一过程在微观企业层面的实现进行了描述。

如图 2-3 所示，假设 MSC 是碳排放造成的社会边际成本，MCR 则是实现碳减排的社会边际收益。考虑到碳排放越多，对社会造成的影响越大，而实现碳减排的边际成本也会越高，因此 MSC 曲线向右上方倾斜，MCR 曲线向右下方倾斜。按照科斯的分析，MSC 和 MCR 的交点 Q^* 即为企业的最佳排放量。

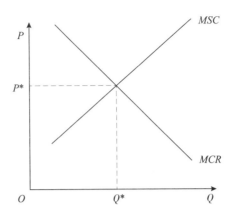

图 2-3 碳交易政策最优排放量的确定

2. 配额分配

碳排放权配额的分配方式主要包括免费发放、有偿发放以及混合发放三种方式。从政策设计的角度来看，配额机制设计需要考虑不同配额分配方式所带来的影响。包括：①对减排主体的影响。在减排目标的约束下，配额分配的总量能充分考虑到企业正常生产经营行为所导致的碳排放。②对减排成本的影响。从宏观层面来看，在有效实现碳减排目标的前提下，能够实现最低的碳减排成本。从微观层面来看，需要将碳减排成本控制在企业所能承担的范围之内，且不能对企业的市场竞争力产生大的负面作用。③对减排市场的影响。要能够体现碳排放资源的稀缺性，进而充分发挥碳排放市场的资源分配作用，实现碳排放权交易市场的有效性。不同配额制度的比较如表 2-4 所示。

表 2-4 不同配额分配方式的优缺点及其影响

配额分配方式	免费	有偿		混合
		拍卖	固定价格	
基本特征	配额完全免费	企业间通过竞价获取配额	企业以固定价格购入政府规定的初始配额价格	绝大部分配额免费分配，有一小部分比例的配额通过有偿的方式出售

续表

配额分配方式	免费	有偿		混合
		拍卖	固定价格	
优点	易操作	符合污染者付费原则，且能实现减排资源的最佳配置	循序渐进地对碳配额进行定价，有利于价格信号逐步形成	
不足	容易造成超额发放，影响到碳价格信号的作用	不同行业与企业的市场力量的差异容易形成拍卖市场的垄断，影响市场公平		
减排主体影响	易被企业所接受	增加企业的污染成本，在短期对能源消耗量大的企业造成冲击		小比例的拍卖额度更容易被市场接受
市场公平性影响	对新进入市场的主体不利；对早期进行技术减排的主体不利	对各个排放主体一视同仁，公平性更容易体现		
减排成本	无明显影响	能实现总的碳减排成本的最小化，同时也使单个排放主体生产成本增加		

3. 碳排放权交易

在总量目标确定后，通过配额分配机制，排放主体可以得到相应的排放配额。此时，企业将比较市场上的碳排放权交易价格及自身的减排成本，决策是否参与碳排放权交易。碳排放权交易的作用原理如图 2-4 所示。

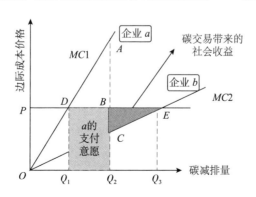

图 2-4　排污权交易的作用原理

假定存在两个生产厂商，企业 a 和企业 b。其中，$MC1$ 表示企业 a 的边际减排成本，$MC2$ 表示企业 b 的边际减排成本。$MC1 > MC2$ 表示，对于同一碳污染治理水平而言，企业 a 的成本高于企业 b。Q 表示企业 a 和企业 b 的碳减排量。则当存在或不存在碳交易的情况下，企业 a 和企业 b 的减排费用与总的减排成本，见表 2 - 5。

表 2 - 5　排污权交易的作用效果

状态	企业 a		企业 b		总减排量	总成本
	减排量	费用	减排量	费用		
无碳交易	Q_2	S_{AOQ_2}	Q_2	S_{COQ_2}	$2Q_2$	$S_{COQ_2} + S_{AOQ_2}$
有碳交易	Q_1	S_{DOQ_1}	$Q_2 + Q_2 - Q_1$	S_{EOQ_3}	$2Q_2$	$S_{COQ_2} + S_{AOQ_2} - S_{BCE}$

从表 2 - 5 可以看出，有碳交易的情况下，企业 a 和企业 b 的总减排量不变，但是两个企业的总减排成本有所降低，而减少的排放总成本则可以理解为排放权交易带来的社会效益。由此可以看出，碳排放权交易政策可以降低总体交易成本，进而提高社会效益。

2.4　本章小结

为应对环境资源问题带来的严峻挑战，通过建设低碳经济实现碳减排与经济发展的双赢目标成为我国经济社会转型发展的必然要求。本章首先对碳减排这一环境问题的经济学属性进行了概述，对加快推动碳减排、建设低碳经济的要求进行了详细的论证分析。以可持续发展为根本要求的低碳经济，其本质目标在于实现经济发展与环境保护的协调发展，即在保证 GDP 发展的基础上，实现最小化的污染物排放，或者在一定的污染物排放水平下，实现 GDP 的最大化。

然而，环境污染物的排放与治理因为外部性的问题，极易对国民经济的发展造成损害。为了在不影响经济发展的前提下，实现环境污染物排放的最小化，福利经济学派和新制度经济学派分别提出了环境税和排污权交易的治理手段。本章通过对环境经济学以及科斯定理的简要介绍，对环境税的基础庇古税以及排污权交易的基本原理及其优劣势进行了详细分析。环境税与排放权交易两种手段各有优劣，前者以税基的形式赋予污染物排放一定的成本，充分体现了污染必须付出一定社会代价的基本原则，但是税基的合理确定存在一定问题，而且税基过低并不一定能降低污染物排放，税基过高则可能损害企业的生产积极性，进而对经济发展造成影响。而后者通过设定固定的污染物排放总量水平，并赋予各个排放主体一定的排放配额，能够有效控制污染物的排放，也能通过配额的交易为各个企业参与污染物排放提供一定的经济激励，有利于实现污染物减排成本的最小化。不过，污染物排放总量的确定以及配额在各个排放主体间的分配也存在不公平性的问题。

本书以我国发展低碳经济中实现碳减排与经济发展的双赢目标为主题，在综合评估我国碳减排发展现状与特征的基础上，分别对碳税和碳排放权交易政策对我国经济发展（GDP 增长）及 CO_2 排放的影响进行比较分析。由此，本书进一步对两种政策工具的作用机理进行梳理，并初步分别提出了二者的分析框架。碳排放的核心是能源利用，税和排放权的使用将提高企业的生产成本，并将传递给能源这一基础性生产要素并导致其价格的提升。由能源替代理论可知，能源价格的波动将推动企业对能源利用总量和能源利用结构的调整，这也会对企业的碳排放行为造成直接影响。而不同经济部门之间的互相关联与影响，则通过投入产出理论来予以限定。

第3章 国内外碳减排政策
工具的实践探索与经验

从上一章的分析可以看出，针对 CO_2 过度排放的问题，经济学家给出了碳税和碳排放权交易的治理手段。前者的难点在于最优税率的确定，而配额分配则成为排放权交易市场是否有效的关键。从决策者的需求来看，实施成本更低、实施成效更明显、不阻碍甚至能够刺激经济发展成为评估政策是否有效的核心依据。目前，征税以及排放权交易在国内外市场均有应用的案例，本章进一步从实践出发，梳理国内外实施碳税以及碳排放权交易政策的做法与经验，为我国实施相关政策提供经验借鉴与参考。

3.1 国外碳税与碳交易政策实施的进展与成效

自 1962 年《寂静的春天》发布以来，可持续发展成为全球经济社会发展的一致追求。1992 年，联合国环境大会的召开标志着以温室气休排放为核心的全球气候变暖问题成为全球关注的焦点。2003 年，英国发布能源白皮书《我们未来的能源：创建低碳经济》，低碳经济这一应对温室气体过量排放的经济发展模式与理念第一次见诸政府文件。自此以来，以循环经济、生态型社会、"两型社会"以及低碳经济建设为核心的一系列可持续发展理念在全球各地付诸实践，而以环境税与排放权交易为核心的环境经济政策手段则成为各地政府推动可持续发展实践的主要手段，在实践过程中既取得了丰富的成果，也存在一定的问题，值得借鉴。

2020 年 5 月 28 日，世界银行发布了《State and trends of carbon pricing

2020》，总结了 2020 年碳定价机制在全球的进展与现状。根据上述报告，在向《巴黎协定》提交国家自主贡献（NDCs）的 185 个缔约方中，96 个缔约方（占全球温室气体排放量的 55%）表示，它们正在规划或考虑将碳定价作为实现减排承诺的工具。而目前全球共实施或计划实施 61 项碳定价政策，其中，墨西哥在 2019 年成为拉丁美洲首个启动 ETS 试点的国家。本章将重点介绍不同地区采用碳税或碳排放权交易政策的做法及经验。

3.1.1　碳税的国外经验

碳税（Carbon Tax）是针对 CO_2 排放行为征收的一种税，是以减少 CO_2 排放为目的。考虑到征税的可行性，碳税是对煤炭、天然气、汽油和柴油以及航空燃油等化石燃料的使用所导致的碳排放行为，按其含碳量或者碳排放量所征收的一种税收。碳税主要在北欧国家实行，此外，北美洲的加拿大和美国、亚洲的日本等国家与地区也开征碳税，不过，在碳税的税制设计、税率安排及征税主体范围上均有所区别，具体情况见表 3 − 1。

表 3 − 1　各国碳税基本情况

国别	内容	涵盖范围	税率（每吨 CO_2）
芬兰	1990 年对燃料按含碳量征税； 1994 年对燃料分类征税	所有化石燃料；部分工业部门减税；电力、航空、国际运输用油等部门税收豁免	1990 年：1.62 美元； 1995 年：8.63 美元； 2003 年：18 欧元； 2008 年：20 欧元； 2012 年：汽油 78 美元，其他燃料 39 美元
丹麦	1992 年开征 CO_2 税； 1996 年引入新碳税（包含 CO_2，SO_2 等）	1992 年：除汽油、天然气、生物燃料外的所有 CO_2 排放； 1996 年：税基扩大到供暖用能源	1992 年：17.38 美元； 1996 年：13.4 欧元； 1999 年：12.1 欧元
荷兰	1990 年开征碳税，作为能源税的一个税目；1992 年成为能源/碳税（各 50%）	1992 年：涵盖所有能源； 2007 年：增加包装材料燃料	1995 年：2.88 美元

国别	内容	涵盖范围	税率（每吨 CO_2）
瑞典	1991 年引入碳税，按含碳量计税	家庭，服务业；工业部门减税 50%（2002 年，减税比例调至 70%），电力、航空、造纸等部门税收豁免	1991 年：37.70 美元；1993 年：工业部门（12.06 美元），其他部门（48.25 美元）；2009 年：158.32 美元
挪威	1991 年征收碳税，覆盖范围占所有 CO_2 排放的 65%。按燃料含碳量计税	1991 年：汽油、矿物油、天然气；1992 年扩展至煤和焦炭，部分行业税收豁免或减半	1995 年：汽油 19.72 美元，柴油 61.01 美元；2013 年：4.76~71.46 美元
英国	2001 年开始征收气候变化税	企业及公共部门的电力、煤炭、天然气和液化天然气；热电联产和可再生能源免税，达到协议标准的企业减税	天然气：16.87 美元；煤：9.08 美元；电：18.17 美元
美国	2006 年科罗拉多州大学城圆石城开征碳税	燃煤发电	12~13 美元
加拿大	2008 年不列颠哥伦比亚省（BC）开始征收碳税	所有燃料，居民、商业和工业等部门，占排放总量的 75%	2008 年为 10 加元，每年增加 5 加元；2012 年为 30 加元
日本	2012 年开始征收气候变化减缓税	所有化石燃料消费者；部分农业、交通、工业部门享受税收豁免或者税收返还	2.87 美元
澳大利亚	2012 年开征碳税	涵盖矿产、石油、电力和钢铁等领域 294 家污染者	23 澳元
南非	2015 年正式引入碳税	所有的经济部门	2015 年 11.97 美元；2015—2020 年每年递增 10%

资料来源：根据网络公开资料整理。

　　本书选取北美地区最早的碳税征收地——加拿大 BC 省以及最近的碳税征税大国——澳大利亚的碳税基本情况进行介绍。

1. 加拿大

2008 年 7 月，加拿大 BC 省（British Columbia）正式对汽油、柴油、天然气、煤、石油以及家庭暖气用燃料等所有燃料征收碳税，涵盖 BC 省内几乎所有化石燃料燃烧所产生的 CO_2 排放总量的 75%。新税刚开始的时候设为每排放一吨 CO_2 征税 10 加元，每年增加 5 加元，到 2012 年升至 30 加元，旨在实现 2020 年时比 2007 年的 CO_2 排放量下降 33% 的目标。独立智库 Sustainable Prosperity 发表的针对该省碳税实施效益的报告显示，2008—2011 年 BC 省人均温室气体排放量下降 10%，胜过加拿大其余省份 9%，被课征碳税燃料的人均消费量则比其余省份下降 19%。同时课征碳税并未影响 BC 省经济发展，依然与其他省份并驾齐驱。该项碳税收益乃是收支平衡制度，所收到碳税全部用来减税，主要是降低公司与个人所得税。

2. 澳大利亚

2012 年 7 月，澳大利亚成为首个征收碳税的大国。澳大利亚政府于 2012 年 7 月 1 日开始对境内最大的 294 家污染者征收每吨 23 澳元（约 23.67 美元）的碳税。该税还在 2015 年前以每年 2.5% 的速度增长，并于 2015 年之后由碳交易体系代替碳税制度，以在 2020 年前削减 1.6 亿吨的碳排放。澳大利亚碳税的实施对象涵盖了矿产、石油、电力和钢铁等领域的 294 家最大的碳排放企业。澳大利亚政府在实施碳定价（碳税）机制的同时，也对企业给予适当的补贴，以减轻企业的负担。

总结世界各国实施碳税的基本做法与经验，具备以下三大特点：

第一，立法保障碳税的有效实施。一方面，税种的调整与设置离不开对现有法律的调整与更新；另一方面，通过立法也可以增加社会公众对碳税的了解，争取社会公众的支持，而且，法律的强制性也有利于碳税政策的顺利实施。如澳大利亚出台了《清洁能源法》，对碳税的强制性实施起了有力的支撑作用。

第二，税率由低到高渐进性地增长，且对不同行业实施差异化的税率。较低以及差异化的税率有利于缓冲碳税征收对于企业的不利影响，降低征收碳税对经济发展造成的风险。如芬兰的初始碳税仅为 1.62 美元/吨 CO_2，而到 2012 年这一税率上升了至少 20 倍。加拿大 BC 省的税率逐年递增 5 加元/吨 CO_2。而税率的行业性差异则主要体现在不同应税品的区别，如芬兰 2012 年针对汽油的税率为78美元/吨CO_2，而汽油的替代品天然气则仅为39美元/吨CO_2。

第三，做好配套措施，将碳税的负面影响降到最低。碳税的征收必将对企业的生产经营行为造成影响，因此有必要通过制度设计，如设置税收优惠、财政补贴等政策手段，降低税收的负面影响。如澳大利亚，先后出台了家庭援助计划、产业援助计划，并设立了能源安全基金对高耗能企业的节能设备及技术投入给予一定补贴，帮助企业进行碳减排。

3.1.2 碳排放权交易的国外经验

相较于局限在区域内的碳税而言，碳交易因其为《京都议定书》所指定的三种碳排放问题处理方式而更为人所知。本节首先从市场规模与市场结构两个角度简要介绍全球碳交易市场的整体发展现状，然后详细介绍全球主要碳交易市场的特色。

1. 全球碳市场规模与结构

全球金融市场数据及基础设施提供商 Refinitiv 在2020年2月发表的报告显示，全球碳市场的总价值在2019年增加了34%，达到了2145亿美元。这是全球碳市场总价值连续第三年增加，自2017年以来，全球碳市场总价值增加了近5倍。

从全球温室气体排放覆盖面来看，《State and trends of carbon pricing 2020》指出全球约22%的温室气体排放量由区域、国家和次国家级的碳定价政策涵盖，如表3-1所示。

从碳市场的结构来看，全球碳市场主要包括四个方面：①面向能源密集型行业企业的排放权交易系统，即最经典、最为人所知的碳排放交易系统（Carbon Emissions Trading Systems），如欧盟的 EU ETS 交易体系；②《京都议定书》设定的 CDM 交易机制等，交易对象更多的是限定在《京都议定书》所指定的附件一和附件二国家内；③国内碳抵消计划（Domestic Offset Schemes）；④自愿性减排市场（the Voluntary Carbon Market），即非强制性的减排市场，如芝加哥气候交易所 CCX。

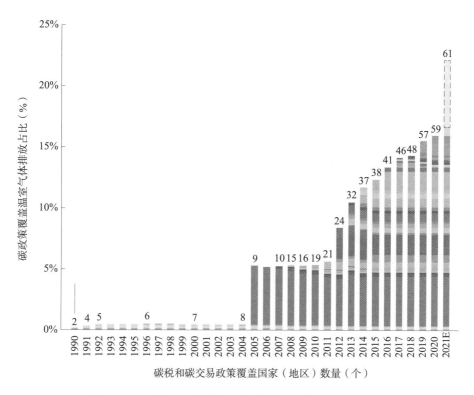

图 3 - 1　全球碳市场覆盖温室气体排放规模（1990—2020）

资料来源：世界银行《State and trends of carbon pricing 2020》。

2. 各碳交易市场发展动态

从交易市场的发展来看，欧盟一直是碳排放交易体系的积极推进者。到目前为止，欧盟排放交易体系（European Union Emissions Trading System，EU ETS）占据了全球碳交易市场84% ~98%的市场份额。EU ETS 包括了发电厂、炼油厂和海上作业、钢铁、水泥和石灰、纸、食品和饮料、玻璃、陶瓷、工程和车辆制造等共计上万家 CO_2 排放主体，所有交易对象的碳排放额超过了整个欧盟的45%。同为碳排放大国，美国的区域温室气体计划（RGGI）于2009 年正式启动，并吸引了九个州参与。除 RGGI 外，2013 年，美国加州也启动了碳交易系统，加州碳交易系统包括电厂等大型的工业企业，所包含的交易主体共计占据了加州85%的排放份额。而到2015 年，加州碳市场也进一步将交易主体与范围扩大到商业及交通系统。作为"负责任的大国"，2013 年中国先后有深圳、北京、上海等地开展了碳排放权交易，2014 年湖北、重庆等地的碳交易也先后启动。同处亚洲的韩国也在2015年推行国家层面的碳交易计划。而在世界银行PMR基金的支持下，巴西、智利、墨西哥、哥伦比亚、泰国、越南、南非、土耳其和乌克兰等国也将推出各自的碳交易计划。

此外，跨区域碳市场之间的合作与关联也是全球不同碳市场发展的新方向。2008年，挪威、列支敦士登和冰岛也将原本各自的交易系统融入欧盟排放交易体系（EU ETS）中。同时，欧盟也一直在讨论将加州和瑞士两地的碳交易系统进行关联，以便于将原本涉及的2015年的OECD成员国间的市场于2020年扩大到发展中国家。2012年8月，澳大利亚和欧盟同意在2018年将两地的碳交易市场进行关联，这将允许这两个计划的参与者（企业）购买并使用对方的碳排放配额。不同碳市场间的互通，将更加有利于设置一个对全球碳价格公平竞争的环境，进一步增加环境和经济效率，使得全球的碳减排计划取得实效。

不过，从各个交易市场的交易价格来看，截至2020年4月1日，全球碳价在每吨1~119美元不等，但近乎一半被碳定价机制覆盖的碳排放价格在每吨10美元以下。且其中仅不到5%的碳价水平与实现《巴黎协定》的目标一致（到2020年达到40~80美元/吨二氧化碳当量，到2030年达到50~100美元/吨二氧化碳当量）。

3. 各碳交易市场特色

温室气体排放总量规模的约束以及碳交易市场的火热极大地激励了各地区纷纷开展碳交易业务。目前，全球具有一定特色的碳交易市场主要包括：①交易规模最大、涵盖主体最多的欧盟排放交易体系（EU ETS）；②启动最早、涉及温室气体种类最多的新南威尔士州温室气体减排机制（GGAS）和芝加哥气候交易所（CCX），其中后者实行会员制，通过会员间的自愿性交易达成减排；③跨国家的西部气候交易体系（WCI），包含了加拿大和美国西部的十来个省份参与；④此外，国际上较为著名的交易体系还有2013年启动的美国加利福尼亚州交易体系。各个碳市场的交易对象、覆盖区域等情况如表3-2所示。

表3-2 国外主要碳排放交易体系简介

交易机制	排放气体	覆盖区域	工业部门	排放实体	启动时期
欧盟排放交易体系（EU ETS）	CO_2	欧盟成员国＋挪威、冰岛、列支敦士登	工业和能源领域的排放大户	超过11000个	阶段一：2005—2007年；阶段二：2008—2012年；阶段三：2013—2020年

交易机制	排放气体	覆盖区域	工业部门	排放实体	启动时期
新南威尔士州温室气体减排机制（GGAS）	CO_2；CH_4；N_2O；PFC_5；HFC_5；SF_6	澳大利亚的新南威尔士等 4 个州	发电、能效、工业过程和林业	将近 200 个项目，50 个参与方为基础会员	2003 年
芝加哥气候交易所（CCX）	CO_2；CH_4；N_2O；PFC_5；HFC_5；SF_6	全球	电力、能源和制造业中的化石燃料燃烧排放	400 多个会员实体	2003 年
美国区域温室气体计划（RGGI）	CO_2	美国东北部和中部的 10 个州	装机容量大于或等于 25MW 而且化石燃料占 50%以上的发电企业	每个州从几个到几百个不等	2009—2018 年
加州碳交易体系	CO_2	加州	2012 年包括电厂以及年均 CO_2 排放量超过 2.5 万吨当量的企业。2015 年包括商业与交通系统	350 个企业、600 多家工厂	2013 年开始启动。每三年一个评估周期
西部气候交易体系（WCI）		美国和加拿大的部分省份	发电厂、交通能源部门以及住宅、商业等部门		2013—2020 年。每三年一个评估周期

资料来源：根据网络公开资料整理。

　　欧盟碳排放交易体系（EU ETS）作为全球交易规模最大、涵盖主体最多的强制性减排市场，一直是学术界和实业界重点关注的对象。截至 2014 年年初，EU ETS 共计包括 31 个国家的 11000 多家电站、工业企业以及航空公司。EU ETS 旨在将纳入该体系的碳排放单位在 2020 年的总排放量在 2005 年的基础上降低21%，而到2030年，总排放量将会降低43%。

从2005年正式运行到现在，EU ETS已经先后经历了两个阶段（2005—2007年，2008—2012年），并从2013年开始进入第三个阶段（2013—2020年）。其中，第一阶段目标在于通过"干中学"（learning by doing）积累交易经验。不过，因为碳配额分配过于充分，2007年的配额价格一度跌至0，而第二阶段欧债危机导致碳排放明显减少，对碳价造成了显著影响，也影响了碳交易市场的有序发展。因此，欧盟对第三阶段的碳交易市场机制设计进行了重大调整，交易规则更为严格，主要表现在：第一，欧盟设置了一个统一的碳排放上限（Cap），取代了原来各个欧盟成员国各自设置的上限；第二，与开始两个阶段免费分配配额不同，拍卖成为第三阶段配额分配的主要方法。2013年欧盟40%的碳配额通过拍卖进行分配，而这一比例逐年上升；第三，对于仍然免费分配配额的生产部门而言（制造业2013年仍有80%的免费配额，而航空业的免费配额在2013—2020年更是高达85%），其排放表现将基于欧盟内企业的对标（benchmark）表现予以评定，这实际上是对享受免费配额生产部门的碳排放提出了更高的要求；第四，参与EU ETS的生产部门以及交易产品（温室气体类型）也有所扩大。三个阶段的主要工作与目标如表3-3所示。

表3-3　EU ETS各阶段基本特征

特征	阶段一 （2005—2007年）	阶段二 （2008—2012年）	阶段三 （2013—2020年）	阶段四 （2021—2028年）
交易内容	CO_2	CO_2	CO_2；N_2O；PFCs	
涵盖范围	欧盟成员国	2008年1月1日冰岛、挪威以及列支敦士登加入； 2012年1月1日，航空业纳入	硝酸，己二酸，乙二醛，二羟酸生产商（N_2O交易）； 铝业（PFCs交易）； 克罗地亚加入	积极寻求国际市场合作。2015年澳大利亚加入
产品种类	排放配额（EUAs）交易、核证减排量（CERs）交易			
交易单位	碳排放权单位（EUA）			
配额分配	95%配额免费分配	与第一阶段相比，此阶段总配额减少6.5%	从2013年开始，欧盟总配额量逐年降低1.74%。至少40%配额通过拍卖获取	总配额量逐年至少降低1.74%

资料来源：EU ETS官方网站整理。

经过长期的运行检验，EU ETS 基本实现了法制化、规范化和流程化运作，有力地推进了欧盟的碳减排，成为全球通过碳排放权交易方式推动碳减排的样板。从交易产品、交易机制、交易对象以及交易成效等方面来看，EU ETS 的有效实施可以归因为以下两大原因。

（1）建立明确清晰法律依据。2003 年 10 月 13 日，欧盟正式颁布《排放交易指令》（Directive 2003/87/EC）作为指导 EU ETS 运转的最高指令。2009 年，欧盟新出台《Directive 2009/29/EC（Phase Ⅲ）》，对第三阶段碳交易的实施规则及配额分配方式进行了重大调整。这些文件对 EU ETS 运作目标、覆盖范围、交易对象、交易主体、交易措施、交流流程、交易保障制度等进行了明确且极具操作性的确定，有力地保障了 EU ETS 的稳定运转。

（2）分阶段逐步推进实施。EU ETS 围绕《京都议定书》规定的 2020 年减排目标，分三个阶段逐步推进碳排放权交易体系的实施。三个阶段在配额数量及其分配方式、交易主体、激励与约束机制上均存在不同，且呈要求越来越高、运作方式越来越市场化的趋势。在第一阶段，EU ETS 的配额分配及减排目标相对较为宽松，这实际上为各个减排实体提供了一定的减排缓冲期，能够降低减排主体的参与阻力；而前两个阶段的试运行，也为 EU ETS 从第三阶段开始扩大交易规模提供了经验借鉴。

3.2　我国碳税与碳交易政策的理论探索及实践进展

自"十一五"以来，资源节约和环境保护上升为我国的基本国策，生态文明建设也成为服务于国家"四位一体"总体布局的重大保障。破解资源约束、环境保护与经济快速发展的矛盾，实现绿色发展，迫切需要强有力的政策和制度体系支撑，基于市场手段的环境经济政策体系日益受到国家的重视。

我国历来重视环境保护与资源节约。早在 20 世纪 80 年代，我国就确定了环境保护和资源节约的基本国策。1993 年，我国政府就批准了《联合国气候变化框架公约》，同意控制温室气体的排放总量。2007 年，中国国家主席胡锦涛在 APEC 会议上首次号召发展低碳经济；同年，中国发布了首份应对气候变化的政策性文件——《中国应对气候变化国家方案》。2007 年 12 月，国家发展改革委批准武汉城市圈和长株潭城市群建设全国资源节约型和环境友好型社会（两型社会）综合配套改革试验区，标志着"两型社会"成为国家的总体战略布局。2009 年 11 月，中国正式对外宣布控制温室气体排放的行动目标，决定到 2020 年单位国内生产总值二氧化碳排放比 2005 年下降 40% ~45%，明确了低碳经济的发展目标与要求。2010 年 7 月、2012 年 12 月，国家发展改革委分两批批准 6 省 36 市开展低碳试点。2012 年，党的十八大提出了建设美丽中国的目标，把以"两型社会"和低碳经济为核心的生态文明建设推上了战略和实践的新高度。2014 年 11 月，中美双方共同发表《中美气候变化联合声明》，中国计划在 2030 年左右 CO_2 排放达到峰值，低碳经济的发展目标进一步明确。

在推进低碳经济、生态文明的建设过程，党中央、国务院历来高度重视环境经济政策的研究和制定。2011 年 10 月，《国务院关于加强环境保护重点工作的意见》集中规定了 24 项环境经济政策。2011 年 11 月，环境保护部《"十二五"全国环境保护法规和环境经济政策建设规划》出台，进一步明确了"十二五"我国环境经济政策建设的核心内容，标志着我国环境管理的市场手段更加健全，新时期环境经济政策体系建设日臻完善。

3.2.1 我国环境税（碳税）的理论探索

早在"十一五"期间，我国就一直在探索通过开征环境税加快资源节约型和环境友好型社会建设。《国家环境保护"十一五"规划》提出要"探索建立环境税收制度"。2008 年，财政部、环境保护部和国家税务总局正式启动中国环境税的制度研究设计工作。2011 年，《中华人民共和国国民经济和社会发展第十二个五年规划纲要》《国务院关于印发"十二五"节能减排综合性工作方案的通知》以及《国务院关于加强环境保护重点工作的意见》等文件明确表示要积极推进环境税费改革，选择防治任务重、技术标准成熟的税目开征环境保护税。2013 年 5 月，国务院副总理马凯在《坚定不移推进生态文明建设》一文中指出：要加大资源环境税费改革；加快开征环境税；积极探索运用税费手段提高环境污染成本，降低污染排放。同月，受国家税务总局委托，环境保护部环境规划院提出了"环保认定、税务征管"的环境税征管模式。与此同时，由财政部牵头、环境保护部和国家税务总局参与起草的《环境保护税法

（送审稿）》也于 2013 年 7 月完成初稿。同年 7 月，财政部部长楼继伟在中美战略经济对话上高调宣称中国会在适当的时候征收碳税。2014 年以来，有关环境税的说法再次吸引了社会的关注。《2014 年国务院政府工作报告》指出将"加快推动环境保护税立法工作"。

虽然正式的环境税迟迟没有推出，但国内各个政府部门及其下属的科研机构对环境税以及碳税的研究却成果丰富，比较典型的包括中国环境与发展国际合作委员会于 2009 年完成的《能源效率与环境保护经济政策》（以下简称《政策》）、受国家发改委和财政部委托财政部财政科学研究所于 2010 年联合推出的《中国碳税税制框架设计专题报告》（以下简称《报告》）等。

财政部财政科学研究所在《报告》中对我国的碳税设计提出了三种方案：一是在资源税和消费税体系下，对化石燃料征收碳税；二是在环境税体系下征收碳税；三是单独开征碳税。《报告》指出，我国碳税的纳税人为向自然环境中直接排放 CO_2 的单位和个人，采用从量计征以及定额税率形式；并提议碳税收入按照中央与地方 7：3 的比例共享，通过碳税的转移支付重点对节能环保行业和企业进行补贴。《报告》也提出了我国开征碳税的路线图，认为应于 2009 年完成燃油税费改革，2010 年完成资源税改革，2012—2013 年开征低税率水平的碳税（10 元/吨 CO_2 当量），并从 2014 年起开征环境税并完善环境税收体系。

中国环境与发展国际合作委员会在其研究的《政策》中认为，考虑当前我国缺乏独立的环境税种，构建我国的环境税制结构首先在于引入新的税种，即针对生产经营及消费行为的污染排放和碳排放开征环境税；然后重构现有税种，即将消费税、资源税、车船税等与环境相关的税种在税赋水平等方面进行调整；最后就是完善增值税、企业所得税等其他与环境相关的税收政策。同时，《政策》也提出分三个阶段推进环境税制的路线图和具体时间表：第一阶段，用 3～5 年时间，在完善相关税种和政策的基础上，面向 SO_2、废水、CO_2 开征独立的环境税；第二阶段，用 2～4 年时间，通过重构相关税种，优化税赋水平，将环境税的征税范围扩大到氮氧化物（NOx）；第三阶段，用 3～4 年时间，继续扩大环境税的征收范围，实现环境税制的整体优化。

两种方案碳税税制的要素特征如表 3-4 所示。

表3-4 不同方案碳税的税制要素设计

税制要素	财政科学研究所方案	中国环境与发展国际合作委员会方案
纳税人	因化石燃料使用而排放 CO_2 的单位和个人	
计税依据	以 CO_2 排放量为依据，其中，CO_2 排放量通过企业在生产经营过程中消耗的化石燃料进行估算	
税率原则	定额税率、从量定额征收	
征税环节	在化石能源的生产环节和进口环节征收碳税	
税收优惠	个人生活使用煤炭和天然气排放的 CO_2 暂不征税	根据经济社会发展需要对能源密集型行业给予一定的减免；对积极采用技术减排和回收 CO_2 并达到一定标准的企业，给予减免优惠
收入归属	中央和地方共享税，共享比例7:3	中央税
收入分配	碳税收入纳入预算管理，主要用于节能环保支出	
开征时间	2012年开征低税率碳税；2014年开征更为完善的环境税	力争"十二五"期间，为完成碳减排目标，最晚"十三五"开征（模拟方案中2010年开征）
税率档次	5～100元/吨 CO_2 之间分5元/吨 CO_2、10元/吨 CO_2、20元/吨 CO_2、40元/吨 CO_2、60元/吨 CO_2、80元/吨 CO_2 和100元/吨 CO_2 七个档次	初期不超过15元/吨 CO_2，可分5元/吨 CO_2、10元/吨 CO_2、15元/吨 CO_2 三种方案

3.2.2 我国碳排放权交易的实践现状

从实践层面来看，额外征收碳税或者将现有的能源税等税种改为碳税，因为涉及宪法等法律的调整，需要通过人民代表大会的通过；因此，相较于碳交易这一政策而言，碳税在我国的操作实施成本更高。因此，我国低碳省市的试点工作，更多的是通过碳排放权交易来推进的。

2010年7月、2012年12月我国分两批部署了6省36市开展低碳试点。2012年控制温室气体排放目标责任试评价考核结果表明，首批列入试点的10个省市2012年碳强度比2010年下降的平均幅度约为9.2%，高于全国6.6%的总体降幅。低碳试点工作成效明显。

2011年10月，国家发改委批准了两省五市开展碳排放权交易试点。2013

年，中国国家级温室气体自愿减排交易体系及地方碳排放权交易试点均取得了突破性进展。2013 年 6 月，深圳碳排放权交易试点正式启动。上海、北京均在 2013 年 11 月启动试点，而广东、天津则均在 2013 年 12 月启动试点工作。2014 年 4 月，湖北省碳排放权交易也正式启动。2014 年 5 月，重庆市也公布《重庆市碳排放权交易管理暂行办法》。试点工作的推进使得中国一举成为碳排放配额规模全球第二的碳市场。

2019 年全年，八省市试点碳市场碳配额全年累计成交量约 6962.9 万吨二氧化碳当量，累计成交额约 15.62 亿元人民币，分别比 2018 年同比增加了11%、24%，年度增长主要来源于广东碳市场成交量的突破，占到总成交量的64% 左右，详见表 3 - 5。其中，广东碳市场成交量和成交额均居试点碳市场首位，2019 全年成交约 4465.93 万吨碳配额，是试点市场中唯一交易量破千万吨的碳市场。由于在成交量上的巨大领先优势，广东碳市场虽成交价格较低，但全年成交额仍居八省市碳市场首位，达到约 8.47 亿元人民币，占到总成交额的半数以上。重庆、天津试点的交易量和交易额较小。2019 年全年重庆共计成交约 5.11 万吨碳配额，累计成交额约为 35.35 万元；天津碳市场2019 年度累计成交配额量约为 62.04 万吨，共计约 868.52 万元成交额。

表 3 - 5　2019 年中国各试点区域碳配额交易现状

试点地区	配额成交量（万吨）	配额成交额（万元）	配额成交均价（元/吨）
北京	306.85	25553.08	83.27
上海	261.02	10996.10	41.70
广东	4465.93	84657.97	18.96
深圳	842.53	9131.13	10.84
湖北	612.86	18077.20	29.50
天津	62.04	868.52	14.00
重庆	5.11	35.35	6.91
福建	406.53	6868.11	16.89

表 3 - 6 对我国各地碳排放权交易试点范围进行了简要汇总。由表 3 - 6 可以看出，我国不同地区在制度设计上都只考虑了 CO_2 一种温室气体，而且，所纳入的排放主体均为独立法人，这与欧盟 EU ETS 将排放设施作为排放主体有所不同。同时，不同地区的试点安排也体现出了各自的经济发展特征。如广东

和天津主要以工业企业为主，而北京和深圳则吸纳了大量的非工业企业排放源，上海更是根据工业与非工业源的区别划分了两类不同的纳入标准体系。

表 3 - 6　各地碳排放权交易试点范围

试点地区	纳入行业	纳入单位标准	纳入单位数量（户）
深圳	工业（电力、水务、制造业等）和建筑	工业：年排放 5000 吨以上； 公共建筑：20000 平方米以上； 机关建筑：10000 平方米以上	工业：645 户； 建筑：197 户； 机构和个人会员约 500 户
上海	工业：电力、钢铁、石化、化工、有色、建材、纺织、造纸、橡胶和化纤； 非工业：航空、机场、港口、商场、宾馆、商务办公建筑和铁路站点	工业：年排放 2 万吨以上； 非工业：年排放 1 万吨以上	191
北京	电力、热力、水泥、石化、其他工业和服务业	年排放 1 万吨以上	490
广东	电力、水泥、钢铁、石化	年排放 2 万吨以上	242
天津	电力、热力、钢铁、化工、石化、油气开采	年排放 2 万吨以上	114
湖北	电力、钢铁、水泥、化工等 12 个行业	综合能耗 6 万吨及以上的工业企业	138
重庆	工业企业	年排放 2 万吨以上	242

资料来源：根据网上公开资料整理。

从配额分配方式来看，我国七个试点地区的初期配额分配以免费为主，其中免费分配方法以历史排放法（祖父制）为主，同时灵活采用历史强度法和行业基准线法。各试点的配额免费分配方法如表 3 - 7 所示。

表 3 - 7　各地碳排放权交易配额总量及分配方法

试点地区	配额总量	历史排放法	历史强度法	行业基准线法
深圳	0.33 亿吨	无	部分电力企业	大部分电力企业、水务企业、其他工业企业、建筑物
上海	1.6 亿吨	除了电力之外的工业行业；商场、宾馆、商务办公建筑和铁路站点		电力、航空、机场和港口行业

试点地区	配额总量	历史排放法	历史强度法	行业基准线法
北京	约 0.5 亿吨	水泥、石化、其他工业和服务业的既有设施	电力、热力的既有设施	新增设施
广东	3.88 亿吨	热电联产机组、水泥的矿山开采工序和其他粉磨工序、石化企业、短流程钢铁企业和其他钢铁企业		纯发电机组、水泥的熟料生产工序和水泥粉磨工序、长流程钢铁企业
天津	1.6 亿吨	钢铁、化工、石化、油气开采行业的既有产能	电力、热力行业的既有产能	新增设施
湖北	2014 年 3.24 亿吨	电力行业之外的工业企业		电力企业
重庆	2015 年前配额总量逐年下降 4.13%	企业自行申报，政府只控制总量	配额管理单位实际产量比上年度增加，且申报量低于市发改委审定排放量 8% 以上的，以审定排放量与申报量之间的差额作为补发配额上限。补发配额总量不足，按该差额占补发配额总量的权重补发配额	

资料来源：根据网上公开资料整理。

　　从七家试点单位均公布的交易规则来看，各地交易试点的交易规则不尽相同。首先，各试点交易品种主要为各地的碳配额。其次，除北京不允许个人参与交易外，各试点对交易主体范围原则上没有设置过多限制，但在具体执行上有所差异。再次，交易方式主要分为线上公开交易和协议转让交易，但在具体交易方式设计上各交易所有所区别。另外，关于碳配额交易的涨跌幅限制，大部分为 10%（上海为 30%）；而交易手续费则集中在 0.6% ~ 0.75%（上海为 0.08%），见表 3 - 8。

表 3 - 8　各地碳排放权交易规则

试点地区	交易品种	交易主体	交易方式	手续费	涨跌幅限制
深圳	深圳碳配额（SZA）	控排单位、其他单位和个人	现货交易（初期定价点选）、电子竞价、大宗交易	交易经手费：0.6%；交易佣金：0.3%；竞价手续费：5%	10%（大宗交易为 30%）

试点地区	交易品种	交易主体	交易方式	手续费	涨跌幅限制
上海	上海碳配额（SHEA）	2013年仅控排单位。后期包括控排单位、其他单位和个人	公开交易和协议转让	0.08%	30%
北京	北京碳配额（BEA）	履约机构和非履约机构（注册资本300万元以上），暂时不允许自然人参与	公开交易和协议转让（场外交易）	交易经手费：0.75%，最低10元/笔；协议转让：0.5%，最低1000元/笔	未公布
广东	广东碳配额（GDEA）	2013年仅控排单位。后期包括控排单位、其他单位和个人	公开竞价和协议转让	暂未公布	10%
天津	天津碳配额（TJEA）	控排单位、其他单位和个人（年龄18～60周岁，金融资产不低于30万元）。国外机构必须为中资控股企业	网络现货交易、协议交易、拍卖交易	0.7%	10%
湖北	湖北碳配额（HBEA）、中国核证自愿减排量（CCER）、湖北中国核证自愿减排量（HBCCER）	控排企业、合法拥有中国核证自愿减排量的法人机构和其他组织、省碳排放权储备机构、符合条件自愿参与碳排放权交易活动的法人机构和其他组织	电子竞价、网络撮合	协商议价，买卖双方手续费5‰；定价转让，卖方承担交易额的4%	10%
重庆	配额、国家核证自愿减排量	控排企业、企业法人及自然人（金融资产不低于10万元）。企业法人注册资本不低于100万元，合伙企业及其他组织净资产不得低于50万元	协议转让		20%

资料来源：根据网上公开资料整理。

3.3 基本经验与启示

我国是发展中国家，在现阶段没有强制性的 CO_2 减排义务，但作为当前年 CO_2 排放量最大的国家，本着"负责任的大国"理念，我国从理论界到政界，乃至社会公众都对控制 CO_2 排放过量增长予以了高度重视。一方面，国家发改委、国家税务总局以及环境保护部门对开征环境税（碳税）进行了大量的研讨、分析与模拟测算工作，并初步提出了我国环境税制体系改革的基本思路与方案；另一方面，全国先后有 6 省 36 市试点开展低碳城市建设，两省五市开展碳排放权交易试点，一举使得我国成为继欧盟之后第二大碳配额交易市场。不过，通过回顾国外碳税与碳交易的实践进展与成效，比较我国对环境税（碳税）的理论探讨以及碳交易开展的实际情况，从制度设计、执行中可能存在的问题等方面仍有一些值得借鉴的经验与教训。

3.3.1 碳税政策的经验与启示

当前，我国的环境税制改革已成为公众瞩目的焦点。从上文的介绍可知，从我国政策出台的流程来看，环境税的基本方案已经基本形成，只待进一步讨论通过。而发达国家早在 20 世纪 90 年代初期就开始逐步推进环境税（碳税），他们的做法与经验也能为进一步完善我国的环境税、碳税制度设计提供参考借鉴。

（1）完善的碳税法律法规体系是碳税实施的基础。通过法律法规体系建设一方面能赋予碳税强制性的功能，确保碳税的有力实施；另一方面，通过法律固化的碳税，能够帮助提升公众的碳税意识，增强社会对碳税的认可度。从实践层面看，于 2011 年实行碳税制度的澳大利亚通过颁布《清洁能源法》，将依法征收碳税纳入法律体系，保障了碳税在实施层面有法可依。尽管我国早在"十一五"初期就对环境税制改革问题进行了探讨，在国民经济发展规划纲要、环境保护发展规划等一系列重大规划方案中也就环境税制改革提出了要求，但环境税制改革一直难以落地，历经多年出炉的《环境保护税（草案）》在会审中也面临种种挑战，难以正式发布。其原因之一就在于不能明确环境税的法律基础，导致部门利益、行业利益掺杂在环境税本身的制定过程中，法律上的缺位使得推进碳税无法可依，难以推进。

（2）可接受的税率水平是实现控制碳排放与避免对经济造成过度影响的核心。从庇古税的分析可知，最优税率的确定能够实现减排成本最小化。然而，建立在完全完美市场上的最优税率在实践中难以确定，因此，已经实施碳税的国家更多的是通过分阶段设置不同的税率水平，逐步实现碳税税率的优化调整。由低到高地逐步调整碳税税率能够以较低的税率水平检验征收碳税对碳排放及经济发展的影响，同时，也能给社会公众提供一定的适应期，避免对正常的生产经营造成影响。现阶段我国仍处于工业化、城镇化快速发展的阶段，经济发展仍然是社会的首要目的，征收碳税需要避免对经济造成负面影响。而且，从当前我国的能源结构来看，煤炭仍是我国的主要能源来源，高额的碳税势必会导致能源使用成本的迅速提升，给企业的生产经营乃至公众的生活造成影响。

（3）构建完善的税收减免机制，遵循税收中性原则有利于碳税的顺利实施。从国外的经验可知，碳税征收初期将对生产资料成本产生一定影响，对企业生产及居民生活造成一定影响。因此，在碳税政策设计时需要通过税负减免、财政补贴等政策机制设计，将这种损失减少。我国目前环境税体系尚不完善，为了协调不同税种间及新设税种与其他经济政策手段之间的关系，在起步阶段不宜将环境税的征税范围设置得过于复杂，可以只选择单一的环境税税种，如针对 CO_2、SO_2 等单一污染源征税。而且，我国目前已经存在资源税和消费税，在构建环境税体系时，需要处理好环境税同这些税种之间的关系。此外，从我国的实际情况来看，在我国设计碳税征收税率时，应以低税率开始征收，分阶段逐步提高碳税税率。这样可以在减少二氧化碳排放量的同时，在一定程度上减少碳税征收对于企业和行业竞争力的削弱。

3.3.2　碳排放权交易政策的经验与启示

当前，我国碳交易试点的两省五市的碳排放权交易工作均已全部启动，并推动我国成为全球第二大的碳配额交易市场。上文对试点工作的进展与成效进行了总结回顾。将我国碳交易试点工作与最大的碳配额交易市场 EU ETS 比较可以发现，我国碳交易发展还存在一定的制约因素，表现在以下几个方面：

（1）合理的碳排放额度总量控制目标有利于提高排放主体参与碳交易的意愿，保证碳交易市场的启动实施。碳排放总量控制意味着设置明确的排放额上限，这需要在制定碳减排目标时充分考虑减排的成本与可行性。从欧盟 EU ETS 的运作实践来看，欧盟分两阶段制定了碳减排的绝对目标，到 2020 年将碳排放量在 1990 年的基础上降低 20%，而到 2050 年则进一步在 1990 年的基础上降低 80%~95%；甚至欧盟在 2020 年的减排目标中提出了一个弹性目标，即当其他主要国家愿意承担碳减排任务时，欧盟愿意进一步将减排目标由 20% 提高到 30%。欧盟分两阶段设置碳排放目标，除了完成《京都议定书》的要求外，更多的是考虑到分阶段设置的目标有利于减缓碳交易对经济发展造成的影响。而且，经济的发展状况也影响到了企业参与碳减排的意愿和政府推进碳减排的积极性。从 EU ETS 碳配额的交易价格走势中也可以发现经济发展状况与碳配额交易价格紧密相关，在 EU ETS 的第二阶段（2008—2012 年），欧盟经历了由美国引发的国际金融危机以及欧盟内部的欧债危机，并导致欧盟经济整体衰退。此阶段，欧盟的碳配额价格迅速下降，一度在 2012 年 7 月跌至 0 元。当经济发展不好时，企业无力组织生产，CO_2 绝对排放水平就会下降，此时碳配额的价值无法体现，企业也无须参与碳排放权交易。而且，作为低碳经济的发祥地，英国也因为发展经济的需要，试图说服 EU ETS 减少第三阶段纳入的减排对象，避免给企业增加额外的成本。

（2）兼顾公平与效率的碳配额分配方式有利于维持碳市场的健康发展。在 Cap‐and‐Trade 的交易原则下，碳排放的总量是限定的，因此排放权配额的初始分配就成为碳交易市场有效运转的前提。从公平性来看，不同地区、不同行业所处的发展阶段、发展条件差异巨大，即使在不同行业的内部，不同规模的企业所能承担的碳排放成本也有所不同，兼顾这些差异成为配额交易所要考虑的核心问题。从效率性来看，只有当碳排放权的交易价格高于企业的减排成本时，才能真正激励各排放主体参与减排，并真正实现 CO_2 的减排。从碳配额的分配方式来看，碳排放权的初始分配有无偿分配和有偿分配（拍卖）两种。前者由政府根据一定的标准免费分配配额给企业，有利于推动政策快速落地，但在配额分配过程中极易发生寻租行为；后者则需要企业购买排放配额，政府可以利用出售配额获取的资金支持企业的碳减排行为，但此举将增加企业的成本，在实施过程中将面临较大的阻力。因此，可以考虑以两种方法相结合的方式实施。以 EU ETS 为例，第一阶段，95% 的配额实行免费分配；第二阶段，90% 的配额免费分配；而第三阶段，发电、供热企业的配额 100% 通过拍卖分发，其他行业配额也有 40% 通过拍卖分配。在我国，目前试点地区的配额也都是免费分发，有利于企业通过"干中学"（learning by doing）来熟悉碳交易，也给予了企业一定的排放过渡期。不过，免费的配额分配不能长期实行，有必要尽早明确未来的配额分配方式，帮助企业形成未来的减排预期，做好生产方面的调整准备。

（3）完善的交易机制设计以及明确的奖惩机制有利于维持碳交易市场的稳健发展。一方面，通过交易机制设计确保碳交易市场的有效性，激励碳排放主体参与碳交易的积极性；另一方面，清晰的法律保障以及严格的奖惩制度有利于规避政府在推动碳交易过程中的寻租行为，并使得企业为非法排放行为付出严厉的代价，通过违法成本的提升督促企业参与减排。因此，在碳交易机制的制度设计方面，需要重点考虑以下四个方面的问题：

第一，建立明确的法律体系。一方面，通过法律体系的完善与建设，对 CO_2 的排放行为制定必要的标准进行约束，并保障碳排放权配额分发、交易行为的合法性和有效性；另一方面，通过法律等带有"强制性"意义的条例、规章制度，把温室气体排放量在一定规模之上的企业纳入限额排放体系。要充分保证温室气体（碳）排放权交易有法可依，有章可循，创造相对公平透明的交易环境，防止不正当竞争，保证温室气体（碳）排放权交易市场的有效运行。

第二，设置科学的交易平台与丰富的交易产品。欧盟通过设置统一的交易平台，将所有成员国都纳入交易体系，确保了欧盟内部碳交易的公平性，并推动欧盟碳交易市场的扩大。目前，欧盟正在进一步谋求将非欧盟成员国也纳入 EU ETS。统一的交易平台不仅有利于实现碳减排的公平性，也能促进碳交易市场的扩大，开辟碳金融、碳融资这一新兴金融领域并做大做强。从产品类型来看，EU ETS 不仅提供碳排放权的现货交易，也提供丰富的期货产品，有利于企业对长期生产决策行为的准备。目前，我国的碳交易平台设置较为分散，不同地区的交易主体、交易规则、交易产品均有差异，而且，不同地区的碳排放权配额价格也差异巨大，这对未来全国统一碳交易市场的形成造成了一定的障碍。

第三，要执行严格的碳排放监管制度。监测数据的精确程度直接决定着排放贸易的进展以及总量控制的成效。要建立严密的 CO_2 排放监测机制，做到国际上通行的 CO_2 排放可测量、可报告、可核查，必须加强环保部门的管理能力和技术能力建设，提高监测技术水平。同时，对超标排放的企业构建严格的惩罚机制。

我国是世界上最大的发展中国家，也是最大的 CO_2 排放经济体，CO_2 控制吸引了国际社会的广泛关注。现阶段，我国处于工业化、城镇化加速发展的阶段，控制碳排放不能阻碍经济发展，发展经济也不能放任碳排放。因此，需要通过合理的减排目标设定，选择合适的碳配额分配方式，分阶段、有步骤地推进碳减排，寻求经济发展与碳减排目标的有效统一。

3.4　本章小结

从上文的介绍可以看出，目前，碳税及碳排放权交易均被作为控制碳排放的有效手段而被众多国家采纳。对各个国家试点实践经验的总结，表明成功的碳税与碳交易政策实践有必要从以下两个角度予以保障：

（1）碳税与碳交易政策的有效实施离不开科学的制度机制设计及强有力的法律体系保障。从碳交易政策来看，通过科学的制度机制设计，能够指导合理地制定碳排放额度总量控制目标，使得碳排放权配额被公平且兼具效率地分配，实现提高排放主体参与碳交易的意愿，保证碳交易市场的启动实施。此外，明确的奖惩机制、严格的碳排放监管制度以及科学的交易平台与丰富的交易产品都离不开完善的碳排放权交易机制设计。这些科学的制度机制设计都有利于维持碳交易市场的稳定、健康发展。从碳税的实践来看，通过法律法规体系建设，一方面能赋予碳税强制性的功能，确保碳税的有力实施，提升公众的碳税意识，增强社会对碳税的认可度；另一方面，通过法律明确提出碳税的税率水平，并同时提出相应的税收减免机制能够减少碳税实施的阻力，能够在实现控制碳排放的基础上，避免对经济的发展造成影响。

（2）碳税和碳交易政策的选择需要因地制宜。从理论分析来看，碳税与碳交易的实施各有利弊。从实践层面来看，不同的国家，甚至不同国家内的不同地区对具体政策的选择也各有不同。同为欧盟成员国的挪威与芬兰均采取碳税政策，而更多的欧盟成员国参与的 EU ETS 也成为全球最大的碳排放权交易市场，美国的科罗拉多州大学城实施碳税政策，而加州等地区则实施自愿性的碳交易政策，澳大利亚更是从 2015 年开始摒弃采用 5 年的碳税政策而转向碳排放权交易政策。不同政策的选择，以及不同阶段不同政策之间的调整都是为了适应本国（本地区）经济社会发展目标的需求。

当前，我国处于工业化、城镇化加速发展的阶段，经济社会的发展需求以及经济结构、能源结构的现状决定了我国仍将面临极大的碳减排压力。作为世界上最大的发展中国家，实现经济社会的长期可持续发展仍然是我国发展的首要目的。与发达国家控制碳减排的思路不同，我国需要在发展经济的基础上控制碳排放。同时，作为负责任的大国以及世界上最大的 CO_2 排放经济体，我国同样也不能因为发展经济而放任碳排放。因此，需要在对低碳经济建设背景下我国经济社会发展现状进行系统分析的基础上，找准我国在不影响经济发展基础上控制碳排放的最优路径，进而指导选择合适的碳减排控制手段，实现经济发展与碳减排目标的有效统一。

第4章 低碳经济背景下
我国碳减排的现状与特征

由国内外碳减排政策工具的探索实践可以发现，因产业与能源结构差异等方面的原因，不同地区对碳税与碳交易政策工具的选择有所不同。在低碳经济发展目标下，我国既要实现碳减排，也要避免对经济发展造成过大的影响。这表明，在低碳经济背景下实现碳减排，需要综合考虑碳减排的效率与成本，在总量一定的标准下，通过挖掘最有潜力与最有效率的减排领域，实现减排总量达标、减排成本最优及经济影响最小三方面的均衡。因此，有必要对当前我国的碳排放现状与特征进行深入分析，以指导碳减排政策工具的选择。为此，本章首先对全国各地区以及各行业的碳排放现状进行简要分析，然后从碳减排效率及碳减排潜力两个维度对各地区的碳减排特征进行系统分析，在此基础上寻找影响我国碳排放及其效率提升的核心因素，进而从核心部门和关键环节入手，寻找促进低碳转型的核心路径和手段。

4.1　方法与思路

4.1.1　评估思路

我国是全球最大温室气体排放国，2020 年 BP 能源统计数据表明，2019 年我国 CO_2 排放量超过 100 亿吨当量，占全球排放总量的 26.7%[119]。而且中国是迄今为止最大的能源增长驱动器，其净增长占全球净增长的四分之三以上。为推动碳减排，我国于 2007 年首次提出发展低碳经济，并于 2009 年制定

"2020 年单位 GDP 的 CO_2 排放强度与 2005 年相比减少 40% ~ 45%"的减排目标。发展低碳经济旨在在不影响经济社会发展的基础上，控制并减少 CO_2 排放。然而，当前我国所依赖的"高消耗、高投入"经济发展模式，以及以煤为主的能源结构和粗放式的能源利用方式，在支撑我国经济快速发展的同时，也推动了 CO_2 排放量的迅速上升[120]，这不完全符合低碳经济的发展要求。在低碳经济的发展要求下，经济发展的核心在于实现经济增长与 CO_2 排放的均衡。

低碳经济发展战略及碳减排目标的提出推动评估我国不同地区的低碳经济发展绩效成为学术界的热点问题。指标及方法选择是评估低碳经济发展绩效的基础。一般认为，低碳水平评价指标可以分为单一指标和复合指标两类[121]，前者主要通过单位 GDP 二氧化碳排放量（碳排放强度）[122]、人均 CO_2 排放量[123]、碳生产率[124]等具有代表性的单一指标衡量低碳发展水平。这类单一指标计算简单，但所包含的信息有限。复合指标则是从产出、消费、资源、政策和环境等宏观角度对低碳经济的内涵进行细分[125][126]，或者通过碳排放现状、碳源控制水平、碳捕获能力、人文发展水平、城市化水平等多个维度的集成对低碳经济进行综合评估[127]，包含的信息相对更为全面。然而，不管是单一指标还是复合指标，都是从最终结果的角度反映低碳经济的表现，而忽略了低碳经济发展过程中的效率指标。与结果性的指标相比，效率指标更能反映出经济发展过程中对资源的利用能力，即在给定各种投入要素的条件下实现最大产出，或者给定产出水平下投入最小化的能力[128]，更为符合资源节约型社会的建设要求，也与低碳转型发展的目标更加匹配。

DEA 模型因其效率评估方便的优势，近年来被广泛应用在生态效率、可持续发展评价等领域[129][130][131]。基于生产理论的传统 DEA 模型是从产出同向增加或者投入同向减少的角度来考虑的。从生产过程来看，CO_2 和 GDP 都是生产产出，运用 DEA 对碳减排效率进行分析时，必须将 CO_2 和 GDP 同时作为产出变量来处理，不过与传统 DEA 模型中要求 GDP 最大化不同，同为产出的 CO_2 则需要尽可能地小，是生产过程中的非期望产出。为了处理包含类似 CO_2 等非期望产出变量的效率问题，大量学者进行了详细的探讨，这些探讨可以分为间接处理和直接处理两大类[132][16]。其中，间接处理主要包括两种方式：一是根据投入最小化的原理，直接将非期望产出看作投入变量[133]；二是利用某一个大数减去非期望产出原值得到新的数值，并将其作为产出变量对待[134]。不过，这两种方法与实际生产过程不相符，所得到的结果也没有任何经济意义。直接处理的方式则是将 DEA 模型进行修正，代表性的研究包括含有非期望产出的 SBM - DEA（Slack - based Measure DEA）模型，该模型既能识别非期望产出与期望产出变量的区别，将在固定投入水平下的最大化期望产出与最小化的非期望产出定义为效率最优，同时也能充分考虑非期望产出与期望产出的松弛性问题，得到的松弛变量存在明确的经济学意义。Zhou 等（2006，2008）[135][136] 对非期望产出的 SBM - DEA 模型在有关环境资源等领域的有效应用进行了综述。

考虑到我国不同地区间的经济基础与发展重点，以及 CO_2 排放水平与减排空间都存在明显的差异，本书在低碳经济的总体发展目标下，结合非期望产出的 SBM - DEA 模型，从实现经济增长与控制 CO_2 排放均衡的角度对我国各省（地区）2000—2012 年的低碳经济发展从碳减排效率和碳减排潜力两个维度进行综合评估，并结合我国国民经济发展的计划性与阶段性，对各地"九五"末期到"十二五"初期的碳减排效率及 CO_2 减排潜力的动态变迁进行分析，有利于科学评估各地区低碳经济发展的进展与存在的问题，为各地区低碳政策与策略的出台提供建议。

4.1.2　评估方法

评估我国低碳经济发展现状的基础在于对我国各个地区的 CO_2 排放进行准确评估。

1. 二氧化碳计算方法

为规范和指导世界各国核算温室气体排放量，IPCC 在《2006 年 IPCC 国家温室气体清单指南》（以下简称《指南》）中提出了温室气体排放量核算的方法学[137]。《指南》将 CO_2 排放量估算方法分为参考法（Reference Approach）和部门法（Sectoral Approach）两类。其中，参考法为利用国家燃料燃烧能源供给数据计算 CO_2 排放量；部门法将经济活动划分为若干部门，利用各个部门间的能源平衡表对 CO_2 排放量进行估算。两种方法最大的区别在于：一种是从能源的供给面出发，由上而下（top - down）；另一种是从能源的消费角度出发，由下而上（down - top）。从原理上讲，从能源供给面角度出发的计算会更为准确，因为在各种燃料中所含的碳，并不全是在燃烧过程中产生的，而在能源生产和/或转换过程中也会发生某种程度的损失。一般认为，化石能源的燃烧是产生温室气体的核心原因。因此，考虑到数据的可得性，本书采用参考法进行 CO_2 排放量计算。中国国家发展和改革委员会国家节能中心结合《指南》的要求，提出了采用 IPCC 自上而下计算能源排放 CO_2 的步骤：

（1）计算燃料的消费量。

某燃料表观消费量 = 某燃料生产量 + 某燃料进口量 − 某燃料出口量 − 某燃料国际航线加油 − 某燃料库存变化

（2）基于消费量计算 CO_2 排放量。

某燃料 CO_2 排放量 =（某燃料表观消费量 × 某燃料潜在碳排放系数 − 某燃料固碳量）× 某燃料碳氧化率

综合上述两步，计算每一种燃料产生的 CO_2 排放量并进行汇总，就可以得到化石燃料消费产生 CO_2 排放量的计算公式：

$$Q_{CO_2} = \sum Q_i \times k_i \qquad (4-1)$$

其中，Q_i 表示第 i 种化石燃料的消费量；k_i 表示第 i 种化石燃料的 CO_2 排放系数；Q_{CO_2} 表示 i 种能源燃烧导致的 CO_2 排放量总和。

CO_2 排放系数 k_i = 低位发热量 × 碳排放因子 × 碳氧化率 × 碳转换系数

上述各个指数在国家发改委及国家标准化管理委员会先后出台的《综合能耗计算通则》（GB/T 2589—2008）以及《省级温室气体清单编制指南》（发改办气候〔2011〕1041 号）中均有具体公布，如表 4−1 所示。

表 4−1　各种能源折标准煤及碳排放参考系数

能源名称	平均低位发热量	单位热值含碳量（吨碳/TJ）	碳氧化率	CO_2 排放系数
原煤	20908kJ/kg	26.37	0.94	1.9003kg − CO_2/kg
焦炭	28435kJ/kg	29.5	0.93	2.8604kg − CO_2/kg
原油	41816kJ/kg	20.1	0.98	3.0202kg − CO_2/kg
燃料油	41816kJ/kg	21.1	0.98	3.1705kg − CO_2/kg
汽油	43070kJ/kg	18.9	0.98	2.9251kg − CO_2/kg
煤油	43070kJ/kg	19.5	0.98	3.0179kg − CO_2/kg
柴油	42652kJ/kg	20.2	0.98	3.0959kg − CO_2/kg
天然气	38931kJ/m^3	15.3	0.99	2.1622kg − CO_2/m^3

数据来源：http://xmecc.xmsme.gov.cn/2012−3/2012318123153.htm。

2. 碳生产率评估

1993 年，Kaya 和 Yokobori 提出了评估碳排放绩效的综合性指标——碳生产率（Carbon Productivity）[138]。所谓碳生产率是指一段时期内一国 GDP 与同期 CO_2 排放量之比，反映了单位二氧化碳排放所产生的经济效益。碳生产率指标得到了大量学者的响应与支持[139]。何建坤、苏明山（2009）[124] 指出提高碳生产率是我国发展低碳经济的核心，也是在可持续发展框架下应对气候变化的关键对策，并利用碳生产率指标将中国低碳经济的表现与世界其他国家进行了比较分析。近年来，我国先后提出了人均碳排放量的控制目标以及 GDP 总量发展目标，迫切需要尽可能提升单位碳排放的 GDP 产出。为此，本书基于我国 2000—2012 年的相关数据，借助于 DEA 模型及其改进版的超效率 DEA 模型，对我国的碳减排效率进行准确度量，并通过灰色关联分析对影响碳减排效率的相关因素进行讨论，为推动我国低碳经济发展提供决策参考依据。

考虑到碳生产率指标的权威性以及广泛使用，本书将碳生产率指标作为评价我国碳减排效率的产出指标。计算碳生产率的基础性数据包括全国二氧化碳排放总量以及 GDP 产值，二氧化碳排放总量的数据来自 BP 统计年鉴，本书通过 Wind 数据库获取。

根据 Kaya 和 Yokobori 提出的碳生产率定义，碳生产率的计算公式可以记为：

$$CP_{i,t} = \frac{\sum GDP_{j,t}}{\sum CarbonEmission_{j,t}} \qquad (4-2)$$

其中，$CP_{i,t}$（1000 元/吨 CO_2）为 i 地区在 t 年的碳生产率；$\sum GDP_{j,t}$ 为 j 省在 t 年的 GDP 产值；$\sum CarbonEmission_{j,t}$ 为隶属于 i 地区的 j 省在 t 年的 CO_2 排放量之和；i 地区为我国的四大区域，即东北部、东部、中部以及西部。而 j 省为除港澳台及西藏以外的 30 个省、自治区、直辖市。

3. 效率评估方法：非期望产出 DEA 模型

本书利用非期望产出的 SBM - DEA 模型对碳减排效率进行测评，根据 Tone（2001，2011）[140][141] 和 Zhou 等（2008）[136] 的研究，非期望产出的 SBM - DEA 模型可以定义为：

假定在生产可能集 **P** 中存在 n 个决策单元（DMUs，Decision Making

Units），每个 DMU 都有 m 个投入指标，s_1 个期望产出指标和 s_2 个非期望产出指标。生产可能集 $\mathbf{P}$ 定义为：

$$\mathbf{P} = \{(x, y^g, y^b) \mid x \geqslant X\lambda, y^g \leqslant Y^g\lambda, y^b \geqslant Y^b\lambda, \sum \lambda = 1\}$$

并分别定义投入指标 $X = [x_1, x_2, \cdots, x_n]$，期望产出指标 $Y^g = [y_1^g, y_2^g, \cdots, y_n^g]$；非期望产出指标 $Y^b = [y_1^b, y_2^b, \cdots, y_n^b]$；而且 $x > 0$，$y^g > 0$，$y^b > 0$。

其中，λ 表示单位向量，$\sum \lambda = 1$ 表示规模报酬可变（VRS）。

当且仅当决策单元 DMU_0 (x_0, y_0^g, y_0^b) 同时满足 $(x, y^g, y^b) \in \mathbf{P}$ 且 $x_0 \geqslant x$，$y_0^g \leqslant y^g$ 和 $y_0^b \geqslant y^b$ 时，DMU_0 有效。因此，非期望产出的 SBM 模型可以表示为：

$$\rho = \min \frac{1 - \dfrac{1}{m} \sum_{i=1}^{m} \dfrac{s_i^-}{x_{i_0}}}{1 + \dfrac{1}{s_1 + s_2}\left(\sum_{r=1}^{s_1} \dfrac{s_r^g}{y_{r_0}^g} + \sum_{r=1}^{s_2} \dfrac{s_r^b}{y_{r_0}^b}\right)}$$

$$s.t. \begin{cases} x_0 - X\lambda - s^- = 0 \\ y_0^g - Y^g\lambda + s^g = 0 \\ y_0^b - Y^b\lambda - s^b = 0 \\ s^- \geqslant 0, s^g \geqslant 0, s^b \geqslant 0, \lambda \geqslant 0 \end{cases} \quad (4-3)$$

其中，s^-，s^g 和 s^b 分别为投入变量、期望产出以及非期望产出的松弛变量。目标函数在区间范围 s_i^-（$\forall_i$），s_r^g（$\forall_r$），s_r^b（$\forall_r$）内严格单调递减，且目标值满足 $0 < \rho \leqslant 1$。假设上述方程组的最优解为（λ^*，s^{-*}，s^{g*}，s^{b*}），则当且仅当 $\rho = 1$，$s^{-*} = 0$，$s^{g*} = 0$，$s^{b*} = 0$ 同时满足时，决策单元有效。

根据 Charnes 和 Cooper（1962）[142] 提出的转换规则，可以将上述非线性规划模型转化为线性规划模型进行求解。其中，基于投入导向下 SBM – DEA 模型的效率值可以反映当前期望产出水平与非期望产出水平的均衡程度，效率值越高，表明二者间的均衡性越高。非有效决策单元的松弛变量可以理解为相对有效决策单元而言，期望产出可以增加的数值或者非期望产出可以减少的数值。

4.2　我国二氧化碳排放现状

4.2.1　全国整体情况

利用上文提到的二氧化碳排放量计算方法，本书利用碳排放总量、碳排放强度以及碳生产率三个指标对我国二氧化碳排放总量和效率进行综合分析。

1. 碳排放总量分析

从总量排放趋势来看（见图 4－1），我国化石燃料燃烧二氧化碳排放总量不断上升，2000 年，全国化石燃料燃烧共计产生二氧化碳 41.86 亿吨，2012 年这一数据上升到 133.3 亿吨，年均增速为 10.13%。从增速来看，二氧化碳排放总量经历了先增长、后下降、再缓慢增长的阶段，从 2001 年二氧化碳排放增速 4.33%，快速上涨到 2005 年的最高增速 17.26%，然后逐步下滑到 2008 年的 4.5%，2009 年以来又缓慢上升到 2012 年的 10.84%。将全国二氧化碳排放总量和能源消费总量数据比较分析可以看出，二者在总量增长以及增速波动方面具有较强的一致性，能源消费越高、增速越快，将导致二氧化碳排放总量越大、增速也越快。

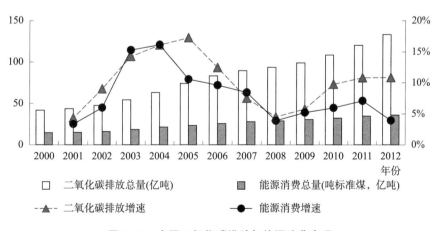

图 4－1　全国二氧化碳排放与能源消费表现

数据来源：根据《中国统计年鉴》（2001—2013 年）提供的能源数据折算。

2. 碳排放结构分析

进一步根据能源消费结构可以得到我国化石燃料燃烧所产生的二氧化碳的来源结构，如图4-2所示。

由图4-2可知，煤炭燃烧一直以来都是我国二氧化碳的主要来源，2000年以来，由煤炭燃烧所产生的二氧化碳排放一直占到我国二氧化碳排放总量的60%以上，最高值达到65.5%。而从整体结构来看，我国八大基础能源产生二氧化碳的总量比例基本维持不变，综合能源消费总量，二者也在一定程度上表明了能源的消费总量与结构和碳排放总量之间的关系。

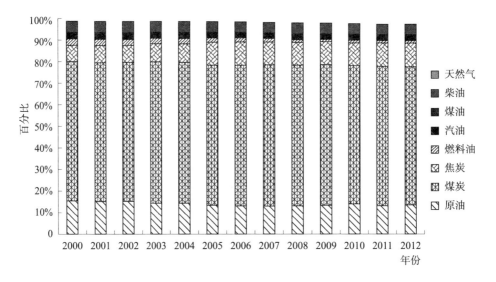

图4-2　我国碳排放的能源结构

数据来源：《中国能源统计年鉴》。

3. 碳排放强度和碳生产率分析

碳排放强度即为单位 GDP 所产生的二氧化碳排放量（单位为吨 CO_2 当量/万元，亦简写为吨 CO_2/万元），是从生产的角度来度量 GDP 产值的"低碳性"，碳排放强度越低越好。而碳生产率是指单位二氧化碳排放量所带来的 GDP 产出，是从产出的角度来度量二氧化碳排放带来的经济价值，一般认为碳生产率越高，二氧化碳排放的经济价值越高。从数学层面来看，碳排放强度与碳生产率互为倒数，但二者所反映的信息有明显的区别。

利用碳排放强度和碳生产率的计算公式，可以得到 2000—2012 年我国碳排放强度和碳生产率的走势如图 4-3 所示。

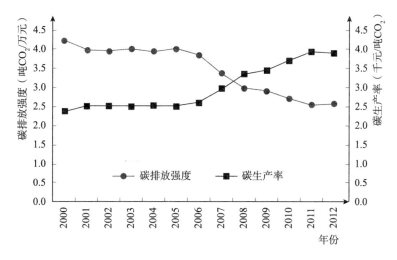

图 4-3　我国碳排放强度与碳生产率表现

数据来源：作者计算。

由图 4-3 可知，近年来，我国碳生产率指标值除 2003 年和 2005 年稍有下降之外，其余年份逐年提升，由 2000 年的 2.27 千元/吨 CO_2 上升到 2012 年的 3.89 千元/吨 CO_2，增长态势较好。同期碳排放强度也在持续下降：2000 年，全国每万元 GDP 产生 4.22 吨 CO_2 排放量，碳排放强度为 4.22 吨 CO_2/万元；到了 2012 年，全国碳排放强度下降为 2.57 吨 CO_2/万元，年均下降 4.05%。碳排放强度的持续下滑以及碳生产率的逐年提高说明了我国经济发展的"低碳性"在逐步凸显和强化，低碳经济已成为经济发展的持续动力。

4.2.2　各地区碳排放表现与分析

考虑到我国经济发展的地区差异较大，不同地区的经济发展水平、能源消费总量与结构存在较大的差异，本节继续对全国不同地区的低碳发展表现进行总结分析。由《中国统计年鉴》和《中国能源统计年鉴》可知，西藏地区的能源消费数据存在较大的缺失，无法计算，故本书所定义的全国各地区指除港澳台以及西藏之外的全国 30 个省、自治区和直辖市。

1. 全国各地碳排放概况

利用各地区能源消费的具体数据，参照全国碳排放的计算方法，可以得到全国 30 个地区二氧化碳的排放数据，由此可以得到 2000—2012 年全国 30 个地区二氧化碳排放的描述性统计，如表 4 - 2 所示。

表 4 - 2　我国分地区 CO_2 排放表现

地区	最小值（百万吨）	最大值（百万吨）	平均增速	标准差	均值
北京	101.70	132.60	2.24%	14.325	120.653
天津	86.20	207.81	7.61%	40.976	136.270
河北	300.85	1022.04	10.73%	234.516	607.429
山西	313.68	789.22	7.99%	143.647	569.194
内蒙古	129.33	903.08	17.58%	247.499	417.275
辽宁	350.97	772.93	6.80%	144.128	526.934
吉林	113.45	304.24	8.57%	63.347	191.196
黑龙江	190.31	396.96	6.32%	72.372	269.905
上海	172.85	289.07	4.38%	37.184	229.294
江苏	242.96	856.48	11.07%	200.854	494.087
浙江	164.65	516.59	10.00%	118.389	327.550
安徽	145.94	371.33	8.09%	75.637	235.348
福建	66.33	295.09	13.25%	74.459	154.964
江西	68.93	205.49	9.53%	45.264	127.127
山东	260.45	1280.11	14.19%	348.015	744.337
河南	209.47	754.99	11.28%	182.624	450.711
湖北	168.31	443.59	8.41%	91.845	273.471
湖南	97.73	369.14	11.71%	88.967	219.894
广东	240.62	684.69	9.11%	147.055	429.227
广西	55.59	237.43	12.86%	58.949	119.157
海南	8.81	82.55	20.50%	23.157	35.294
重庆	72.43	198.35	8.76%	44.548	116.555
四川	129.76	401.53	9.87%	89.666	254.643
贵州	109.53	288.84	8.42%	58.592	185.769
云南	74.91	276.14	11.48%	66.973	176.383
陕西	82.68	439.33	14.93%	115.003	224.192

地区	最小值（百万吨）	最大值（百万吨）	平均增速	标准差	均值
甘肃	86.72	213.15	7.78%	40.798	139.133
青海	14.39	56.32	12.04%	13.374	31.966
宁夏	25.16	185.01	18.09%	48.717	91.099
新疆	101.12	355.64	11.05%	86.078	192.466

数据来源：作者计算。

由表 4-2 可知，从单一年份的排放总量来看，山东、河北和山西一直是我国二氧化碳排放总量较多的地区，三省 2000—2012 年的年均碳排放总量分别为 744.337 百万吨、607.429 百万吨和 569.194 百万吨，三省排放量之和占全国的比例高达 23.7%。宁夏、海南和青海的排放总量则较少，三地 2000—2012 年的年均碳排放总量分别为 91.099 百万吨、35.294 百万吨以及 31.966 百万吨。

从二氧化碳排放量的增速来看，海南、宁夏、内蒙古三地的年均二氧化碳排放量增速较快，分别达到 20.5%、18.09% 以及 17.58%，远高于全国 10.13% 的增速，而北京、上海以及黑龙江三地的同期年均增速则最小，分别为 2.24%、4.38% 以及 6.32%。值得注意的是，山东省不仅二氧化碳排放总量数据位居全国第一，其排放增速水平也位居较高水平，达到 14.19%，且仍处于持续上涨期，未来面临的二氧化碳减排压力较大。山东省排放总量及增速均位居全国前列的主要原因可能在于山东省土地面积比较大，而且产业结构也历来以重工业为主，主要依靠以煤炭为核心的化石能源消费进行的火力发电，因此，造成了二氧化碳排放远高于其他地区。

从 2000—2012 年各地二氧化碳排放数据的标准差来看，青海、北京、海南的标准差数值较小，这说明了三地二氧化碳排放总量的稳定性，也表明北京等地虽然经济仍处于快速发展期，但其二氧化碳排放总量并没有随经济的快速发展而增长，经济发展与二氧化碳排放量之间呈现出一定的脱钩特征，低碳成为经济发展的主要特征。

2. 全国各地碳排放结构特征

以 2012 年为例，对我国各地区因不同类型化石燃料消费所产生的二氧化碳总量的结构进行分析，得到结果如图 4-4 所示。

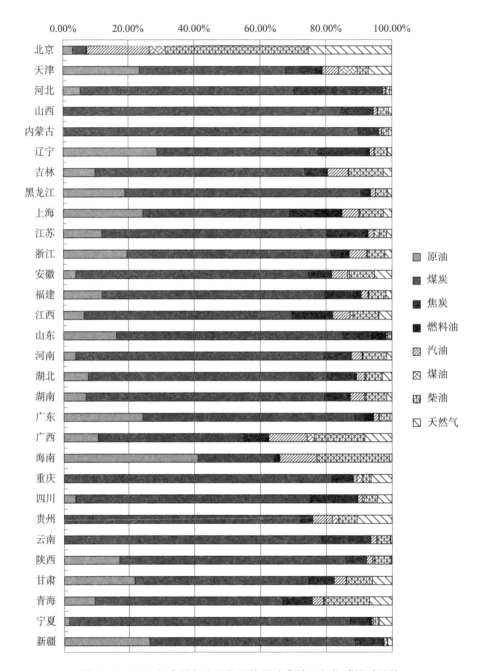

图4-4 2012年我国各地区化石能源消费的二氧化碳排放结构

数据来源:《中国能源统计年鉴》。

由图 4 - 4 可知，我国不同地区因能源消费结构的不同，导致二氧化碳的来源也呈现出较为明显的差异。从整体来看，煤炭基本上是所有地区的最重要的能源来源。其中，山西、内蒙古等地因为区域内具有较为丰富的煤炭资源，因此二者的主要化石能源消费就是煤炭，2012 年，二者因煤炭燃烧所产生的二氧化碳的比例分别高达 84.69% 和 89.44%。北京、海南是全国仅有的煤炭不占能源消费结构第一位的地区，其中，柴油、汽油消费是北京市 2012 年二氧化碳排放量的核心来源，二者的综合占比达到 62.6%，这主要与北京市较多的机动车保有量有关。而原油消费则是海南省 2012 年二氧化碳排放量的核心来源，其占比达到了 41.15%。

3. 全国各地二氧化碳排放总量的演变

为进一步比较各地区二氧化碳排放总量的演变，将各地区 2000 年的排放总量占全国的比例与 2012 年排放总量占全国总量的比例进行比较，得到的结果如表 4 - 3 所示。

表 4 - 3　我国分地区 CO_2 排放总量占比的比较

地区	2000 年		2012 年		地区	2000 年		2012 年	
	占比	排名	占比	排名		占比	排名	占比	排名
北京	2.49%	17	1.00%	28	河南	5.13%	7	5.72%	7
天津	2.11%	21	1.57%	24	湖北	4.12%	10	3.36%	10
河北	7.37%	3	7.74%	2	湖南	2.39%	19	2.80%	15
山西	7.68%	2	5.98%	5	广东	5.89%	6	5.19%	8
内蒙古	3.17%	14	6.84%	3	广西	1.36%	27	1.80%	22
辽宁	8.59%	1	5.86%	6	海南	0.22%	30	0.63%	29
吉林	2.78%	15	2.31%	17	重庆	1.77%	24	1.50%	26
黑龙江	4.66%	8	3.01%	13	四川	3.18%	13	3.04%	12
上海	4.23%	9	2.19%	19	贵州	2.68%	16	2.19%	19
江苏	5.95%	5	6.49%	4	云南	1.83%	23	2.09%	21
浙江	4.03%	11	3.91%	9	陕西	2.02%	22	3.33%	11
安徽	3.57%	12	2.81%	14	甘肃	2.12%	20	1.62%	23
福建	1.62%	26	2.24%	18	青海	0.35%	29	0.43%	30
江西	1.69%	25	1.56%	25	宁夏	0.62%	28	1.40%	27
山东	6.38%	4	9.70%	1	新疆	2.48%	18	2.69%	16

由表4-3可知，2000年，辽宁、山西、河北、山东与江苏位居我国二氧化碳排放总量的前五位，其占全国排放总量的比例分别为8.59%、7.68%、7.37%、6.38%、5.95%，累计达到35.97%；而2012年，除辽宁由第一位下降到第六位外，内蒙古由第十四位上升到第三位外，其余四省仍位居全国排放总量的前五位，前五位累计占比达36.75%。辽宁碳排放量下滑的原因主要在于20世纪90年代末期推行的国有企业改革，使得辽宁以传统重工业为基础的老工业基地的传统企业大量实行了"关、停、并、转"，能源的消费总量与结构有所转变，而内蒙古快速上升的原因则在于经济发展需要对区内煤炭、天然气等资源的大量开采利用。

宁夏、青海与海南自2000年以来，一直是我国二氧化碳排放总量最低的地区。其中宁夏的排放总量占比由2000年的0.62%上升到2012年的1.40%，青海、海南的占比则分别从2000年的0.35%、0.22%上升到2012年的0.43%、0.63%。这与三地落后的经济发展水平有着直接的关联。

排放总量占比下降最明显的地区是北京市，由2000年的2.49%位居全国第17位下降到2012年的1.00%，位居全国第28位，降低11位。紧随北京之后的是上海市，由2000年4.23%、位居全国第9位下降到2012年的2.19%、位居全国第19位，降低10位。主要原因在于二者的经济水平较高，科技水平也较强，在转变经济发展方式、调整产业结构、推动低碳转型上有着较强的动力和基础。而排放总量占比上升最明显的地区是陕西省，由2000年2.02%、位居全国第22位上升到2012年的3.33%、位居全国第11位，上升11位。主要原因在于陕西近年来快速发展的经济水平加大了对能源要素的需求，使得能源消费总量快速上涨，也导致了碳排放总量的快速提升。

4. 分地区碳生产率表现

根据式（4-2）可以得到我国30个省、自治区、直辖市2000—2012年的碳生产率表现，如图4-5所示。

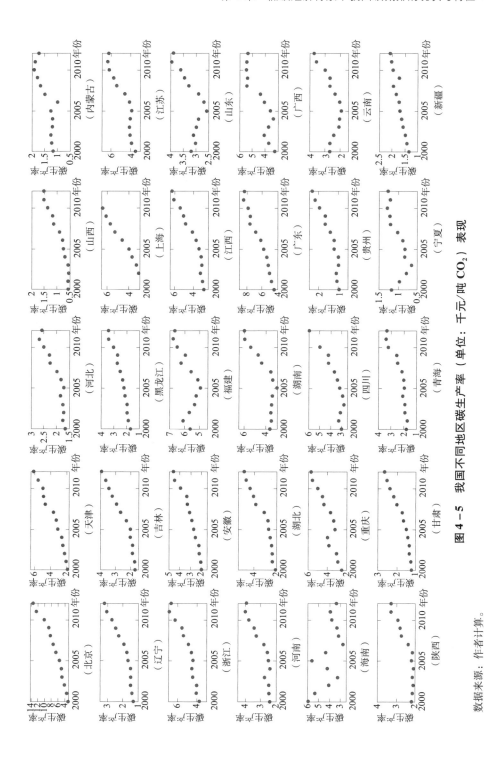

图 4－5　我国不同地区碳生产率（单位：千元/吨 CO₂）表现

数据来源：作者计算。

全国碳生产率由 2000 年的 2.355 千元/吨 CO_2 缓慢增长到 2.634 千元/吨 CO_2，增加 11.8%，样本期的平均生产率则为 2.478 千元/吨 CO_2。我国的碳生产率水平与发达国家相比仍然有明显的差距。

从碳生产率的平均值来看，北京、广东以及浙江 2000—2012 年的碳生产率平均值位居全国前三位，平均碳生产率分别为 5.485 千元/吨 CO_2、5.058 千元/吨 CO_2 和 3.982 千元/吨 CO_2。将各地 2012 年、2000 年的碳生产率相比较可以发现，北京、天津以及上海的碳生产率增长最为明显，北京、天津、上海的碳生产率均远超全国平均值，具有较高的水平；而山西 2012 年的碳生产率远远低于全国平均值，碳生产率水平比较低。

从各地样本期间的碳生产率走势来看，全国大部分地区的碳生产率呈明显的增长态势，这与近年来我国的努力推进分不开。我国于 2009 年正式提出"到 2020 年单位 GDP 的 CO_2 排放强度在 2005 年基础上削减 40% ~ 45%"的碳减排目标，并于 2012 年年初制定出台了《"十二五"控制温室气体排放工作方案》，将碳强度减排目标分解到各省，而党的十八大报告则指出低碳发展是我国经济社会发展的主要目标之一。

不过，河北、陕西、内蒙古、广西、云南、山东、福建、宁夏以及海南等地的碳生产率水平曾出现下滑；海南的碳生产率水平下降最为明显；此外，四川、浙江、江苏、湖南、河南以及新疆的碳生产率水平则处于波动状态。

从区域视角来看，东部地区的平均碳生产率位居全国最高水平，样本期间的平均值达到 3.318 千元/吨 CO_2，比全国平均水平 2.478 千元/吨 CO_2 高 33.9%。东北地区的碳生产率增长最为明显，由 2000 年的 1.492 千元/吨 CO_2 增长 39.9% 到 2012 年的 2.087 千元/吨 CO_2。紧随其后的是中部地区，增长了 28.4%，由 2000 年的 1.882 千元/吨 CO_2 增长到 2012 年的 2.416 千元/吨 CO_2。与 2000 年相比，西部地区 2012 年的碳生产率水平略有降低，需要引起重视。除东部地区外，所有地区的平均碳生产率水平都低于全国平均水平，说明了我国的经济发展中心仍集中在东部，且各个区域间存在明显的差距。

4.2.3 各行业碳排放表现与分析

对我国分行业二氧化碳排放量计算的结果表明（见图 4-6），工业一直是我国二氧化碳排放的核心行业，工业部门使用化石燃料产生的二氧化碳排放量一直占到我国二氧化碳排放总量的 85% 以上。自 2000 年以来，工业部门产生的二氧化碳排放量处于持续上升状态，占全国的排放总量由 2000 年的 86.3% 上升到 2012 年的 88.84%。交通运输、仓储和邮政业也是二氧化碳排放的重点部门，其排放总量占比基本稳定在 5% 左右。生活消费和农林牧渔业的二氧化碳排放占比处于持续下降状态，其占比分别由 2000 年的 4.38%、1.07% 下降到 2012 年的 2.59%、0.8%。

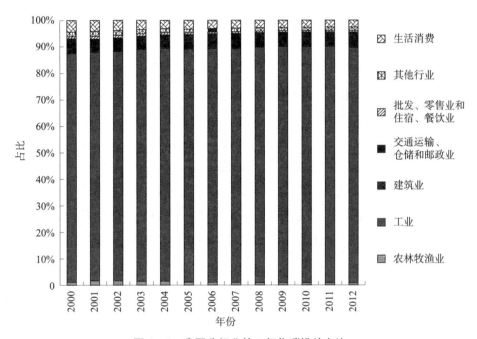

图 4 - 6　我国分行业的二氧化碳排放占比

数据来源：根据《中国能源统计年鉴》提供的能源数据折算。

进一步对 2012 年我国工业细分行业的二氧化碳排放产生来源进行结构分析，可知：2012 年，我国工业部门中电力、煤气及水的生产和供应业二氧化碳排放量最高，达到 32.75 亿吨，占整个工业部门排放总量的 37.3%，远远高于其他部门。紧随其后的分别是石油加工、炼焦及核燃料加工业以及有色金属冶炼及压延加工业，排放总量分别为 18.74 亿吨、15.15 亿吨，占整个工业部门排放总量的 21.3%、17.26%。三个部门占到全部工业部门二氧化碳排放总量的 75.86%，是工业部门二氧化碳排放的重点部门。从上述三个部门的能源消耗结构可以看出，这主要是由于这三个部门能源使用结构中煤炭、焦炭比例相对于其他行业较高的缘故。

4.3 我国碳减排效率及减排潜力分析

4.3.1 碳减排效率分析

1. 投入产出指标及其数据特征

投入指标一般包括资源消耗指标、资本投入指标以及人力资本投入指标。考虑到能源因素是碳排放产生的核心因素，本书采用能源消耗总量作为资源消耗指标的代表。资本投入指标一般需要采用资本存量数据，不过我国目前没有资本存量的相关统计数据，单豪杰（2008）[143]曾利用永续盘存法对我国省际层面的资本存量数据进行了预测，并得到了学术界的广泛认可，本书2000—2006年的资本存量数据直接引用单豪杰一文，并按照该文提供的方法对2007—2012年的数据进行推算。需要说明的是，单豪杰一文将重庆和四川合并计算，本书利用两地区固定资本形成总额之比对单豪杰的数据进行了拆分，由此分别得到四川和重庆的资本存量数据。同时，按照 GDP 平减指数将价格数据统一调整到2000年为基准年。人力资本投入则由就业人员总数来衡量。上述指标数据除特别说明之外，均来自《中国统计年鉴》，数据区间为2000—2012年。

表 4-4 投入产出指标的描述性统计结果（2000—2012 年）

指标	单位（Unit）	最小值（Min）	最大值（Max）	均值（Mean）	标准差（St. Dev）
能源消费总量（E）	百万吨标准煤	4.8	385.97	95.60	70.06
资本存量（K）	亿元	663.61	112237.4	19074.24	19450.66
就业人员（L）	百万人	2.39	62.06	23.38	15.50
GDP	十亿元	26.37	3479.29	677.54	621.81
CO_2排放总量	百万吨	8.81	1280.11	269.72	215.13

利用 Pearson 相关性检验对投入项与产出项的"同向性"进行检验，各指标间相关性系数都较为合理，且均能通过显著性水平检验（见表 4-5），说明

了投入、产出指标选择的合理性。

表 4 - 5　碳减排效率评估指标的相关性分析

指标		能源消费总量	资本存量	就业人员	GDP	CO_2 排放总量
投入	能源消费总量	1.000				
	资本存量	0.869 **	1.000			
	就业人员	0.703 **	0.587 **	1.000		
期望产出	GDP	0.882 **	0.929 **	0.703 **	1.000	
非期望产出	CO_2 排放总量	0.950 **	0.798 **	0.558 **	0.754 **	1.000

注：** 表示相关系数的显著性水平为 1%。

2. 效率评估结果

根据 DEA 模型，可以得到我国不同地区 2000—2012 年的经济发展效率（EE）以及碳减排效率（LCEE），如图 4 - 7 所示。

由图 4 - 7 可以看出，除广东、上海、北京、天津、海南、青海以及宁夏外，对于我国大部分省份而言，LCEE 的值都要小于 EE。从效率值的变化趋势来看，江苏、浙江、山东、重庆以及四川的 LCEE 和 EE 值呈上升趋势，而内蒙古、吉林以及广西三地两种效率值持续下降。对于海南、青海两地而言，虽然两省的 LCEE 值均处于效率前沿面，表明当综合考虑经济发展和碳排放的情景下，二者发展的状况能够接受，但是两地的 EE 值仍处于下降趋势。对比 LCEE 和 EE 的表现可以发现，两地在经济规模与总量上存在明显的不足，而这恰恰是一种低质量的低碳发展模式。不过，自 2007 年中国政府第一次颁布国家层面应对气候变化控制政策以及规划之后，大多数地区的碳减排效率（LCEE）处于逐步上升的状态，而纯粹的经济发展效率（EE）则处于缓慢下降的状态。我国不同地区的经济发展效率与碳减排效率表现（2000—2012）见表 4 - 6。

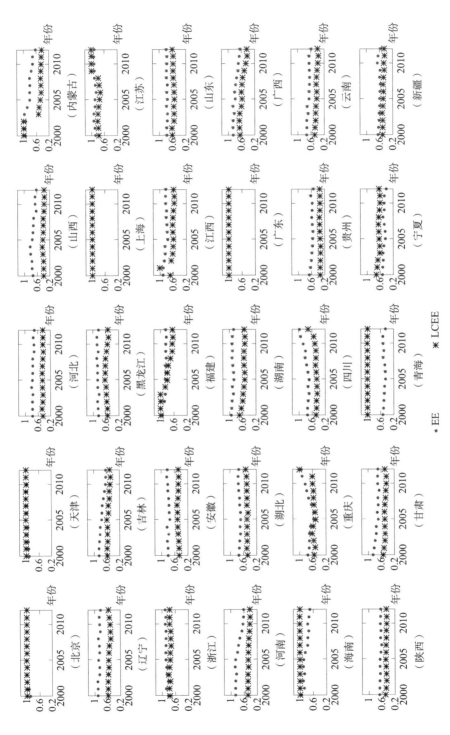

图 4 - 7　我国不同地区的经济发展效率（EE）与碳减排效率（LCEE）

表 4 - 6　不同地区的经济发展效率与碳减排效率表现（2000—2012）

地区	经济效率		低碳效率		地区	经济效率		低碳效率	
	效率值	排名	效率值	排名		效率值	排名	效率值	排名
北京	0.985	3	1.000	1	河南	0.759	18	0.456	26
天津	0.964	4	1.000	1	湖北	0.709	24	0.488	21
河北	0.757	19	0.445	27	湖南	0.900	5	0.570	15
山西	0.720	23	0.393	29	广东	1.000	1	1.000	1
内蒙古	0.825	12	0.584	13	广西	0.766	16	0.565	17
辽宁	0.855	9	0.542	18	海南	0.817	13	1.000	1
吉林	0.733	20	0.539	19	重庆	0.721	22	0.596	12
黑龙江	0.846	10	0.569	16	四川	0.774	15	0.491	20
上海	1.000	1	1.000	1	贵州	0.581	28	0.334	30
江苏	0.896	6	0.840	7	云南	0.664	25	0.424	28
浙江	0.871	7	0.762	9	陕西	0.638	26	0.459	25
安徽	0.789	14	0.487	22	甘肃	0.728	21	0.479	23
福建	0.864	8	0.805	8	青海	0.487	29	1.000	1
江西	0.826	11	0.640	10	宁夏	0.471	30	0.633	11
山东	0.766	16	0.574	14	新疆	0.603	27	0.479	23
东北	0.808		0.550		中部	0.771		0.780	0.505
东部	0.892		0.843		西部	0.644		0.660	0.550
全国	0.777		0.638						

综合各地 2000—2012 年的 LCEE 和 EE 的平均值及其排名表现可以发现以下特点：

（1）广东与上海的碳减排效率在全国表现最优，二者的效率值为 1，表明两地在经济发展与碳排放之间实现了有效的均衡发展。而北京和天津的碳减排效率持续改善，并分别于 2003 年和 2011 年达到效率前沿面，效率值上升为 1，并一直保持到 2012 年。

（2）将考虑碳排放的经济效率评估结果与不考虑碳排放的经济效率评估结果进行比较可以发现，有 13 个地区的效率值排名出现下滑。其中，湖南、辽宁、黑龙江以及安徽分别从第 5、第 9、第 10、第 14 位显著性地下滑到第 15、第 18、第 16、第 22 位，而河南、河北、山西、四川以及甘肃则分别从第 18、第 19、第 23、第 15、第 21 位下滑到第 26、第 27、第 29、第 20、第 23

位。与此同时，在考虑碳排放约束的情境下，有 12 个地区的排名有所上升，其中青海、海南分别从第 29、第 13 位快速上升到第 1、第 1 位，并处于效率前沿面。而重庆、宁夏则从第 22、第 30 位大幅上升到第 12、第 11 位，湖北、新疆则有了小幅提升，分别由第 24、第 27 位上升到第 21、第 23 位。

此外，从表 4-6 可以看出，所有的高效率地区均位于东部地区，而东北三省则均处于中等效率地区，中部和西部的大多数省份都在低效率地区。而这表明了中国经济发展效率的区域特征。

考虑到中国经济的计划性以及政府的总体规划在经济发展过程中的作用，进一步将 2000—2012 年整个时期划分为四个阶段。其中，2000 年表示"九五"末期，2001—2005 年表示"十五"时期，2006—2010 年表示"十一五"时期，2011—2012 年表示"十二五"初期。利用上文谈到的非期望产出 SBM－DEA 模型，可以求得各地区在各时期的效率平均值及整个时期的效率平均值与排名，结果如表 4-7 所示。

表 4-7　全国分省及分区域碳减排效率评估结果

地区	"九五"末期 （2000）	"十五" （2001—2005）	"十一五" （2006—2010）	"十二五"初期 （2011—2012）	均值	排名
北京	1.000	1.000	1.000	1.000	1.000	1
天津	1.000	1.000	1.000	1.000	1.000	1
河北	0.448	0.452	0.441	0.433	0.445	27
山西	0.399	0.410	0.384	0.370	0.393	29
内蒙古	1.000	0.703	0.446	0.427	0.584	13
辽宁	0.562	0.562	0.518	0.540	0.542	18
吉林	0.577	0.574	0.517	0.488	0.539	19
黑龙江	0.539	0.578	0.584	0.522	0.569	16
上海	1.000	1.000	1.000	1.000	1.000	1
江苏	0.770	0.778	0.852	1.000	0.840	7
浙江	0.771	0.775	0.744	0.769	0.762	9
安徽	0.457	0.487	0.497	0.476	0.487	22
福建	1.000	0.933	0.708	0.626	0.805	8
江西	0.693	0.696	0.599	0.572	0.640	10
山东	0.607	0.567	0.569	0.590	0.574	14

地区	"九五"末期 （2000）	"十五" （2001—2005）	"十一五" （2006—2010）	"十二五"初期 （2011—2012）	均值	排名
河南	0.490	0.475	0.445	0.417	0.456	26
湖北	0.486	0.491	0.479	0.503	0.488	21
湖南	0.696	0.583	0.546	0.534	0.570	15
广东	1.000	1.000	1.000	1.000	1.000	1
广西	0.647	0.627	0.541	0.430	0.565	17
海南	1.000	1.000	1.000	1.000	1.000	1
重庆	0.554	0.550	0.566	0.806	0.596	12
四川	0.477	0.451	0.482	0.625	0.491	20
贵州	0.339	0.324	0.343	0.338	0.334	30
云南	0.483	0.445	0.410	0.379	0.424	28
陕西	0.484	0.461	0.457	0.444	0.459	25
甘肃	0.539	0.487	0.466	0.459	0.479	23
青海	1.000	1.000	1.000	1.000	1.000	1
宁夏	0.709	0.635	0.625	0.613	0.633	11
新疆	0.505	0.495	0.471	0.446	0.479	23
东部	0.860	0.851	0.831	0.842	0.843	—
东北	0.559	0.571	0.540	0.517	0.550	—
中部	0.537	0.524	0.492	0.479	0.505	—
西部	0.613	0.562	0.528	0.542	0.550	—
全国	0.674	0.651	0.623	0.627	0.638	—

由表4-7可以看出，我国的碳减排效率"九五"到"十一五"期间由0.674下降到0.623，但"十二五"初期略微回升到0.627。这一结论与陈诗一（2012）的结论较为类似，其原因在于自2000年以来，我国经济发展的重工业特征进一步凸显，与中国经济总量上升为世界第二相对应的是全国能源消耗总量以及二氧化碳排放总量均上升到全球第一。而"十一五"后期以来，国务院制定出台了《"十二五"控制温室气体排放工作方案》，并提出了强制性的单位GDP能耗强度下降目标，倒逼各地低碳转型，于"十二五"初见成效。

分区域来看，2000—2012年，北京、天津、上海、广东、海南以及青海6

个地区的经济发展效率一直处于效率前沿面。江苏、重庆分别于 2009 年、2012 年达到效率前沿面。其中江苏的效率值在 2000—2012 年持续上升，而重庆除"十五"期间的低碳效率有所下降之外，"十一五"到"十二五"则持续上升。效率值为 1 表明上述地区在现有技术水平不变及不增加要素投入的前提下，碳减排效率实现了相对最优，此时要想提高这些处在生产前沿面的地区的效率则要考虑从提高技术角度出发使生产前沿面上移。与此同时，贵州、山西的低碳经济效率平均值分别为 0.334、0.393，处于全国最低水平。能源原材料是贵州、山西的支柱产业，2012 年贵州能源原材料工业比重高达 58%，山西煤焦冶电产业占 GDP 的比重高达 80%，两地 2011 年的单位 GDP 能耗分别为 1.714 吨标准煤/万元、1.762 吨标准煤/万元，远超 0.793 吨标准煤/万元的全国平均水平，位居全国倒数第四和倒数第三位，对能源高度依赖的畸形产业结构是两地碳减排效率水平较低的核心原因。

从不同地区不同时期碳减排效率变迁来看，除一直处于效率前沿面的 6 个地区之外，只有江苏和四川的碳减排效率在样本期持续上升。其中，江苏从 2009 年开始一直处于效率前沿面（效率值为 1）。四川的低碳效率由 2000 年的 0.477 持续上升到 2012 年的 0.701，上升明显。而湖北则自"十一五"开始缓慢提高到 2012 年的 0.517，比 2000 年的 0.486 上涨 6.4%。安徽的碳减排效率在 2000—2007 年处于缓慢上升状态，但 2008—2011 年则处于持续下跌期。值得注意的是，除内蒙古外，所有省份的效率值均在 2012 年有所提升，而内蒙古的效率值则由 2000 年的 1 持续下降到 2012 年的 0.423，下降幅度高达 57.7%。2012 年，内蒙古的投资率达到 84.6%，高于全国平均水平 36.8 个百分点，能源工业的工业总产值占全区规模以上工业的 34.4%，过度依靠投资、依赖煤炭资源的增长模式严重制约了内蒙古低碳经济发展的效率。

综合各地全样本时期的经济效率来看，不同地区碳减排效率呈现明显的区域特征。利用 K - means 聚类分析对全国 30 个省、自治区和直辖市 2000—2012 年碳减排效率进行高、中、低分类，可以得到如表 4 - 8 所示的分类结果。

表 4 - 8 全国分省碳减排效率的聚类结果

高效率地区	中效率地区	低效率地区
北京、广东、天津、上海、江苏、福建、海南、青海	内蒙古、辽宁、吉林、黑龙江、浙江、江西、山东、湖南、广西、重庆、宁夏	河北、四川、山西、贵州、安徽、云南、河南、陕西、湖北、甘肃、新疆

由表 4 - 8 可以看出，高效率地区大多数集中在东部。东三省以及内蒙古都属于中等效率地区。中部六省除湖南、江西外，都集中在低效率地区。此外，低效率地区也集中了大部分西部地区的省份。不同时期各个地区的经济发展效率与碳减排效率见表 4 - 9。

表 4 - 9 不同时期各个地区的经济发展效率与碳减排效率

区域	"九五"末期 (2000)		"十五" (2001—2005)		"十一五" (2006—2010)		"十二五"初期 (2011—2012)		2000—2012	
	EE	LCEE	EE	LCEE	EE	LCEE	EE	LCEE	EE	LCEE
全国	0.812	0.674	0.791	0.651	0.763	0.623	0.760	0.627	0.777	0.638
东部	0.897	0.860	0.900	0.851	0.886	0.831	0.884	0.842	0.892	0.843
东北	0.859	0.559	0.829	0.571	0.789	0.540	0.779	0.517	0.808	0.550
中部	0.828	0.537	0.797	0.524	0.762	0.492	0.761	0.479	0.771	0.505
西部	0.716	0.613	0.669	0.562	0.642	0.528	0.653	0.542	0.644	0.550

我国的 EE 从 2000 年的 0.812 持续减少到"十二五"初期的 0.76，下降了 6.4%。东北、东部以及中部地区呈同样的下滑趋势，三地的 EE 分别下降了 9.3%，1.45% 和 8.09%。然而，同期西部地区的 EE 值由"十一五"的 0.642 上升到"十二五"初期的 0.653。

我国的 LCEE 值在"九五"末期到"十一五"期间呈缓慢下降态势，由"九五"初期的 0.674 下降到"十一五"的 0.623，而后在"十二五"初期上升到 0.627。与全国的平均表现相类似，东部和西部的 LCEE 值也在"十二五"初期出现上升，而东北和中部地区的 LCEE 则分别从 2000 年的 0.559、0.537 下降到"十二五"初期的 0.517 和 0.479。

将 EE 和 LCEE 进行比较可以发现，在全样本期间，我国大部分省市的 LCEE 值要低于 EE。作为中国最发达的地区，东部的 LCEE 和 EE 值均在全国处于最高水平，而且二者之间的差值在全国也最小。从"九五"末期到"十五"期间，LCEE 和 EE 的差值最大的是东北地区，而"十一五"和"十二五"初期差值最大的则是中部地区。LCEE 和 EE 之间的差值表明了经济发展的质量存在一定的问题，尤其是在 GDP 的发展和 CO_2 的排放控制上没有实现平衡。此外，分别比较各地 LCEE 和 EE 的差距可以发现，相较于 EE 而言，东北、西部以及中部地区与东部地区的 LCEE 之间差距更为明显。这表明，当考虑 CO_2 排放控制的时候，东部地区经济发展的质量相较于其他地区而言具有更为明显的优势。

4.3.2 碳减排潜力分析

从非期望产出 DEA 模型的内涵来看，可以将 CO_2 排放量的冗余量理解为：按照最优前沿面上的模式运行，在当前技术条件下，某地区（非有效决策单元）本可以减少但没有减少的 CO_2 排放量，即各地区所存在的 CO_2 减排潜力。需要指出的是，当前处于效率前沿面地区的冗余量为 0，只是表明在当前的技术条件和产出水平下，这些地区的排放量无法减少，一旦技术条件或者产出水平发生改变，不同地区的效率值也会发生改变，所存在的 CO_2 排放冗余量也会随之改变。不过，这并不影响在限定技术水平和产出水平不变的情况下，对我国不同地区之间相对的 CO_2 减排潜力进行比较分析。

碳减排潜力分析的目的在于合理确定碳减排目标。因此，本书利用 CO_2 排放冗余量的结果，分三个角度对碳减排潜力进行分析。①可减排规模，用 CO_2 排放冗余量的绝对值表示，表示当产出水平不变时，相对于现有技术条件下最优的投入水平而言，可以减少的 CO_2 排放量；②相对减排潜力，用该地区该年 CO_2 排放冗余量（可减排规模）占该地区该年实际排放量的比例计算，表示现有排放水平下可以减少的 CO_2 排放比例；③减排重要性，用该地区该年 CO_2 可减排规模与全国该年 CO_2 可减排规模的占比表示，比值越高，说明该地区在全国的减排地位越重要。据此，可以求得全国不同地区全样本期（2000—2012 年）以及"十二五"初期的减排潜力，结果如表 4 - 10 所示。

表 4 - 10 全国分省 CO_2 减排潜力

地区	全样本期（2000—2012 年）			"十二五"（2011—2012 年）初期		
	可减排规模（万吨）	相对减排潜力	减排重要性	可减排规模（万吨）	相对减排潜力	减排重要性
北京	0	0	0	0	0	0
天津	0	0	0	0	0	0
河北	425.87	70.11%	10.99%	720.92	74.41%	11.54%
山西	466.74	82.00%	12.05%	614.84	80.49%	9.85%
内蒙古	267.15	64.02%	6.90%	600.66	72.46%	9.62%
辽宁	329.04	62.44%	8.49%	422.07	56.58%	6.76%
吉林	115.98	60.66%	2.99%	188.27	63.67%	3.01%
黑龙江	166.98	61.87%	4.31%	260.77	68.21%	4.18%
上海	0	0	0	0	0	0
江苏	75.70	15.32%	1.95%	0	0	0
浙江	82.88	25.30%	2.14%	133.65	27.21%	2.14%
安徽	136.30	57.91%	3.52%	228.72	64.21%	3.66%
福建	38.83	25.06%	1.00%	124.56	44.95%	1.99%
江西	44.37	34.90%	1.15%	86.33	43.57%	1.38%
山东	393.64	52.88%	10.16%	658.58	54.32%	10.55%
河南	256.71	56.96%	6.63%	427.00	59.93%	6.84%
湖北	148.13	54.17%	3.82%	242.80	56.83%	3.89%
湖南	88.49	40.24%	2.28%	164.10	47.14%	2.63%
广东	0	0	0	0	0	0
广西	38.45	32.27%	0.99%	112.44	50.10%	1.80%
海南	0	0	0	0	0	0
重庆	35.64	30.57%	0.92%	28.50	15.09%	0.46%
四川	103.91	40.81%	2.68%	100.08	26.68%	1.60%
贵州	134.49	72.39%	3.47%	185.38	67.96%	2.97%
云南	105.91	60.05%	2.73%	160.94	61.50%	2.58%
陕西	146.02	65.13%	3.77%	292.83	71.58%	4.69%
甘肃	84.50	60.73%	2.18%	122.21	59.33%	1.96%
青海	0	0	0	0	0	0
宁夏	57.42	63.03%	1.48%	118.96	66.42%	1.90%
新疆	130.65	67.88%	3.37%	250.54	73.43%	4.01%
全国	3873.80	47.87%	100.00%	6245.15	49.26%	100.00%

注：因四舍五入，加总和可能不为 100%。

由表 4 – 10 我们可以得到以下三点结论：

（1）我国 CO_2 排放存在明显的减排空间。如果按照北京、天津、上海、广东等 DEA 有效地区现有产出水平下的技术效率，保持全国既有的产出水平不变，全国 2000—2012 年年均 CO_2 排放可减排规模为 3873.8 万吨，占排放总量的 47.87%，而 2011—2012 年的年均可减排规模更是高达 6245.15 万吨，占排放总量的比例也上升到 49.26%。这表明与最优技术水平下的北京、天津等部分地区相比，当前全国总体存在大量的 CO_2 排放冗余，可以通过生产效率的提升，在发展经济的同时进一步控制 CO_2 排放量。

（2）我国不同地区的 CO_2 可减排规模与相对减排潜力存在较大的差异。从可减排规模来看，河北、山东、山西、内蒙古、河南、辽宁应是 CO_2 减排的重点区域，这些地区的 CO_2 可减排规模占全国的比例都在 6% 以上，其中河北、山西、山东的占比超过 10%，是碳减排的核心区域。从相对减排潜力来看，"十二五"初期，除北京等处于效率前沿面的七地区以及湖南、福建、江西、浙江、四川、重庆外，其余所有省份的 CO_2 相对减排潜力均超过了 50%，其中山西、河北、内蒙古、陕西、新疆的相对减排潜力高达 70% 以上。这说明由于要素配置、技术水平和管理等因素的差异，上述地区同处于效率前沿面的北京、上海、广东等地相比，经济发展过程中碳排放控制存在极大的改善空间。

（3）将各地区全样本期与"十二五"初期的 CO_2 减排潜力对比可以发现，除江苏、重庆、四川三地的可减排规模、相对减排潜力以及减排重要性均有所下降外，其余地区的可减排规模都有所上升。而辽宁、贵州、山西、甘肃均实现了相对减排潜力和减排重要性的下降，显示出了经济发展过程中的低碳走势。从减排重要性来看，内蒙古的 CO_2 可减排规模占全国的比例由 6.9% 上升到 9.62%，增速全国第一；紧随其后的是福建，上涨幅度接近 1 个百分点。而福建、广西、江西、内蒙古等地的相对减排潜力上升幅度都超过 8%，其中，福建和广西上升近 20 个百分点，需要引起重视。综合可减排规模和相对减排潜力可以发现，矿产资源丰富、使用量较大的地区，如河北、山西、内蒙古、陕西、新疆等地，CO_2 的可减排规模和相对减排潜力都比较高，这些地区应该是 CO_2 减排重点关注的区域。

此外，将上述结果与《国务院关于印发"十二五"控制温室气体排放工作方案的通知》（国发〔2011〕41 号）中公布的各地区"十二五"单位国内生产总值二氧化碳排放下降指标对比来看，河北、辽宁、山东、福建等二氧化碳减排应重点关注的区域的单位 GDP 二氧化碳排放强度均要求下降 18% 以上，属于国务院设定的减排目标较高的省份。广东、天津、上海、江苏、北京等地依托技术、管理等方面的优势同样被国务院列为重点减排省份。不过，本书认为，鉴于内蒙古、新疆的二氧化碳可减排规模以及减排潜力均比较大，也应成为二氧化碳的重点减排地区，而福建与广西在相对减排潜力和减排重要性两方面的快速上升，也需要引起当地政府的重视。

4.4 低碳经济约束下的碳减排影响因素分析

4.4.1 潜在影响因素选择

影响碳减排效率的因素众多，从已有的研究来看，主要包括产业结构、政府对环境保护的支持力度、科技支撑水平以及我国的城市化进程等因素（见表 4 – 11）。

（1）产业结构。产业结构是影响能源需求的重要因子[144]。产业结构调整与低碳经济发展相互联系，内在统一。一般而言，相较于第三产业而言，工业行业的能源密集程度更高，因能源消耗而产生的碳排放总量也更高。有研究表明，近年来中国快速增长的能源消费总量及 CO_2 排放总量与快速的工业化进程密不可分。由此可以看出，工业是影响地区碳排放强度的主要因素[145]。因此，本书利用工业增加值占 GDP 的比值来衡量产业结构对碳减排效率的影响。

（2）城镇化。有研究指出，多数发展中国家的碳生产率都低于发达国家，这是因为发展中国家现代化发展程度远远低于发达国家，且仍处于工业化和城市化发展阶段，在经济转型发展过程中存在较强的"锁定效应"，对原有的粗放型的发展模式有较强的路径依赖[146]。相较于农村而言，城市因为会提供更为依赖能源消耗的基础设施与设备（如公共交通、集中供暖等），因此，能源的消耗一般都要更高。目前，我国正处于城镇化的快速发展时期，2012年我国的城镇化率达到 52.6%，远超 2000 年 36.2% 的水平；而且，据世界银行的估计，中国的城镇化率将在 2030 年超过 70%。如此迅速的城镇化进程将使得中国碳减排工作更加艰难[147]。因此，本书将城镇化作为影响碳减排效率的因素之一，并利用城镇居民占当地总人口的比例来衡量不同地区的城镇化水平。

（3）研发能力。研发水平的提高将有利于推动生产率及技术效率的提升，而这将直接影响到生产过程中能源的消耗水平及对各种废弃物的排放处理水平[148]。考虑到研发水平对能源消耗强度及碳排放强度的直接影响，提升研发水平对于积极推进工业化的国家控制碳排放具有更为积极的影响，尤其是对中国这样的大国而言[149]。因此，本书将研发经费支出占 GDP 比例作为研发水平的代替指标，对研发水平对碳减排效率的影响进行评估。

（4）政府支持。低碳经济是为应对气候变化，由各国政府主导产生的一种新型国家战略。这表明政府在推动低碳经济发展中的重要性。无论是推动、引导企业、居民参与低碳经济建设，节约能源，保护环境，还是支持学术机构围绕低碳经济开展科研工作，提高推动低碳经济发展的科技支撑水平，都离不开政府的有力支持。考虑到中国是一个投资驱动型的国家，中国政府对包括碳排放在内的环境问题的重视程度可以从其所投入的资金支持等资源要素看出。因此，本书利用财政支出占 GDP 的比例来衡量政府的支持对碳减排效率的作用。这些指标能够较为明确地反映政府开展公共事务工作的决心与实际工作力度，相对合理。

（5）国际贸易。有研究指出，近年来快速扩大的进出口贸易规模是中国 GDP 增长和 CO_2 排放量上升的核心因素[150]。而国际贸易使得碳排放和产品一样可以在世界各国之间自由流动。鉴于这一特征，众多国家与地区将碳税、碳关税等作为一种新的国际贸易壁垒，对进口商品的碳排放进行征税。我国是进出口贸易大国，1997—2007 年，全国碳排放量的 10.03% ~ 26.54% 是由出口产品的生产所引致的，进口产品的碳排放量占到 4.40% ~ 9.05%[151]。因此，衡量我国碳减排效率必须考虑进出口贸易总量的影响，本书以贸易总额占 GDP 的比重来表示。

表 4 - 11　影响因素及其描述性分析

维度	指标	最大值	最小值	平均值	标准差
产业结构	工业增加值占 GDP 的比例（IS）	0.530	0.134	0.395	0.080
城镇化	城镇化率（UR）	0.893	0.232	0.468	0.149
研发能力	研发支出占 GDP 的比例（RD）	0.429	0.001	0.024	0.068
政府支持	财务支出占 GDP 的比例（GS）	0.612	0.069	0.177	0.079
国际贸易	进出口贸易总额占 GDP 的比例（IE）	1.632	0.026	0.316	0.367

4.4.2　影响因素分析

为了进一步探究影响中国碳生产率提高的原因，必须找出各影响因素与碳生产率指标之间的关系，为进一步讨论低碳约束下中国经济发展效率的影响因素，构建了面板数据模型：

$$CE_{i,t} = C + C_i + \beta_1 \times RD_{i,t} + \beta_2 \times IS_{i,t} + \beta_3 \times GS_{i,t} + \beta_4 \times IE_{i,t} + \beta_5 \times UR_{i,t} + \varepsilon_{i,t}$$

$$(4 - 4)$$

式中：$CE_{i,t}$ 为地区 i 在 t 年的低碳发展效率；RD，IS，GS，IE，UR 分别为上述五种影响因素；C 为共同截距；C_i 为个体效应；$C + C_i$ 为不同地区间的差异性；$\varepsilon_{i,t}$ 为残差项；$\beta_1 \sim \beta_5$ 为回归系数，其大小和方向说明了该变量（影响因素）对低碳发展效率的影响。

Hausman 检验的结果表明，固定效应适用于本书的研究。因此，根据上述方程，利用 EViews 软件计算，可以得到回归结果如表 4 - 12。

表 4 - 12　影响因素评估结果

影响因素	全国	东部	东北	中部	西部
RD	- 0.195 *	- 5.559 ***	9.000 *	- 0.240 ***	- 13.653 ***
IS	- 0.625 ***	- 1.470 ***	0.025	- 1.247 ***	0.516
GS	0.593 ***	- 1.135 **	- 0.916 *	1.483 ***	0.981 ***
IE	0.282 ***	0.241 ***	- 0.278 **	- 0.292	- 0.011
UR	0.677 ***	0.763 ***	- 0.128	- 0.137	2.074 ***
C	0.379 ***	1.060 ***	0.725 ***	0.877 ***	- 0.531 ***
observations	390	130	39	104	117
Adjust R^2	0.619	0.75	0.477	0.492	0.624
D. W.	1.945	2.264	2.232	2.862	2.573

注：*** , ** , * 分别表示 1%、5%、10% 的显著性水平。

由表 4 – 12 可知以下几点：

（1）城镇化率是影响全国、东部以及西部地区低碳发展效率最重要的因素，计量结果表明，城镇化率每提升 1%，上述三地的碳减排效率将分别提升 0.677，0.763 和 2.074。然而，对于东北和中部地区而言，城镇化率则对低碳发展效率有着负面影响，但是回归系数并不存在统计学上的显著意义。一般来说，随着城镇化的推进，城镇居民的生活水平不断提高，对能源及其相关产品的服务需求越来越高，这将导致能源消费量的迅速上涨，并推动二氧化碳排放。然而，城镇化在我国不同地区间对低碳经济发展绩效的影响存在明显的区别，这归因于我国不同地区城镇化发展的差异。从不同区域的城镇化率增长速度来看，东部地区城镇化率由 2000 年的 45.44% 增加到 2012 年的 61.86%，增加 16.42 个百分点，同期东北、中部和西部分别由 52.53%、29.97%、27.43% 增加到 59.6%、48.07% 和 43.22%，增加了 7.07、18.1、15.79 个百分点。经济最为发达的东部和经济较为落后的西部，均能享受到城镇化推进带来的"低碳经济福利"。一方面，东部地区本身属于我国城镇化发展相对较好的地区，城镇化能有效推动人口集聚生活，提高公共基础设施效率（如公共交通和其他设施），能有效形成能源消费的规模经济效应，同时伴随生活方式的改变和技术扩散，进而对低碳经济产生积极影响。另一方面，西部地区因为地广人稀，不利于大规模地快速推进城镇化，因此城镇化的步伐相对较慢，不过也对低碳经济产生了正面影响。由于经济（人口）规模的差异，工业（城镇人口）比重提高的边际碳排放量，东部地区要远大于西部地区；相反，由于技术水平的差异，工业增长的边际碳排放量，中西部地区要远大于东部地区。

（2）除东北地区之外，研发支出占 GDP 的比例对我国低碳发展效率有着负面影响。这与通过研发支出来支撑低碳技术的实施，进而促进低碳效率提升的常理相违背，可能的原因在于由于技术创新，虽然能够通过能源效率提升来降低能源消耗，但技术创新也能通过促进经济增长来拉动对能源的需求，二者间的作用有所抵消，出现能源的回弹效应，最终导致各地区的研发投资对减少其碳排放的作用不明显。此外，中国的研发支出包含了各个领域科研费用的方方面面，这些经费中可能只有极小的一部分是与控制碳排放的政策相关的（包括新能源政策等）。这表明：中国的研发费用支出必须在总量及结构上继续优化，政府需要以更大的力度支持研发水平的提升，尤其是支持能源效率提升以及新能源的使用。

（3）从全国范围来看，工业增加值占 GDP 的比例与碳减排效率呈负相关。这与很多学者的研究结果相一致。He 和 Deng（2010）[152] 指出，工业行业中能源密集型产业的占比较高，导致工业行业的碳排放是我国碳排放量迅速上升的关键因素，因此，在工业部门中减少能源密集型的产业对碳排放的降低至关重要。与全国整体的影响相一致，工业产业的发展对东部和中部地区的碳减排效率有着负面影响，而对东北和西部地区的低碳效率提升则有着正面影响。对东部和中部地区而言，GDP 的规模较大，且呈现出较好的增长态势，因此，发展低碳经济的核心要素在于聚焦减少非期望产出，即大力推进碳减排，以实现碳排放和 GDP 的均衡。而对于东北和西部地区而言，二者的经济相对落后，盲目地实施由工业向第三产业转变的产业转移政策将对经济发展造成严重的损害，也即对 GDP 的损害超过了对碳减排的贡献。

（4）从全国范围来看，衡量政府控制力的财务支出占 GDP 的比例与低碳经济效率呈正相关，这表明：在我国，政策仍然是提高碳减排效率的有效手段。实际上，财务支持是中国政府推动和调控经济发展的核心手段，而以财务支出数据大小所反映的财务支出能力则也能表现地区的经济发展水平。近年来，我国的环境保护及治理的投资额度迅速上升，这表明了我国政府在推动环境保护及控制碳排放上的坚定决心及努力。然而，从计量的结果来看，政府的努力在东部和东北部存在负面的影响：一方面，考虑到东部地区 GDP 总量的规模优势，财务支出所占的额度相较其他地区来说可能相对不足；另一方面，用于相关设备及技术的使用补贴没有发挥应有的价值，也即财务补贴资金没有得到有效应用，被浪费了。

（5）从全国范围来看，以进出口贸易总额的 GDP 占比衡量的国际贸易水平对我的碳减排效率有着正面影响。国际贸易影响低碳效率主要通过两种途径：其一，通过进口先进的技术设备以及管理经验能够从正面推动碳减排效率的提升；其二，国际贸易中进出口产品中存在的隐含碳则可能加大一国的碳排放量，进而对碳减排效率造成负面影响。一般来说，前者的作用在中长期比较明显，而后者的作用则在国际贸易发展的初期显现。从回归结果来看，在我国占据进出口贸易总额绝对优势的东部地区，其进出口贸易总额占 GDP 的比例越高，对该地区碳减排效率的提升越明显。而对于中部、西部以及东北地区而言，三地的进出口贸易总额在 2000—2012 年仅占全国总量的 13.03%，而且绝大多数的进出口生产商都是由东部地区淘汰的高能耗、高排放企业转移过去，这些企业对上述三地区的二氧化碳排放影响超过了对 GDP 发展的贡献。因此，对于这三个地区而言，进出口贸易总额占 GDP 的比例与碳减排效率之间呈现出负面关系。

考虑到中国政府于 2007 年首次将低碳经济置于全国层面的经济工作中，本书以 2007 年为界，将 2000—2012 年划分为 2000—2007 年和 2008—2012 年两个时期，分阶段对影响我国四大区域碳减排效率的因素变迁进行分析。构建面板数据回归模型，具体结果如表 4-13 所示。

（1）除东北地区之外，全国其他地区的工业化进程对碳减排效率的负面作用在减小。这表明，这些区域的政府及企业在工业生产过程中对节约能源和资源越来越重视。然而，对于东北地区而言，工业产业占比与碳减排效率的正相关性则得到了强化。这主要是因为东北是我国的老工业基地，工业在国民经济与社会发展中的作用非常突出。因此，对于东北而言，实施产业结构调整的核心不是尽可能地推动工业向服务业转变，而是优先推动工业内部的结构升级与转化，实现由高投入、高消耗及高排放的增长方式向低投入、低消耗及低排放转变。

（2）从全国整体以及东北地区来看，城镇化的进程有利于推进碳减排效率水平的提升。而对东部、中部以及西部地区而言，城镇化的推进对低碳经济效率提升的作用有所减弱。尤其对于中部地区而言，城镇化在 2008 年以后使得碳减排效率有所降低。从四大区域两个时期的年均城镇化增长速度来看，东北地区由 2000—2007 年的年均增加 0.47% 上升到 2008—2012 年的年均增加 0.73%，增加 0.26 个百分点。而同期东部、中部、西部则分别由 1.25%、1.46% 和 1.19% 上升到 1.75%、1.6% 和 1.49%，分别增加 0.5 个百分点、0.14 个百分点、0.3 个百分点。中部地区的城镇化增长率变化率最低。东北地区的平均增速最慢，但对碳减排效率的提升水平反倒有正面影响。这表明在城镇化的发展过程中，需要避免片面地追求城镇化的速度，而忽略了城镇化的发展质量。

表 4 - 13　分阶段的影响因素评估结果

影响因素	全国		东部		东北		中部		西部	
	2000—2007	2008—2012	2000—2007	2008—2012	2000—2007	2008—2012	2000—2007	2008—2012	2000—2007	2008—2012
RD	-0.204	-0.276	-6.600***	-0.871	3.250	-7.324	-36.953***	-10.908**	0.134	-0.195
IS	-0.885***	-0.035	-1.850***	-0.414	0.478**	0.481	-1.421***	-1.372***	-2.451***	2.035***
GS	0.671***	0.724***	-2.881***	0.942	0.415***	1.121	-1.147	-0.484**	1.832*	1.521
IE	0.299***	0.229***	0.242***	0.235***	0.244	-0.416	0.144	0.886	-0.577***	0.241
UR	0.586***	1.321***	0.963***	0.607	-2.106***	1.766	0.857**	-0.247	2.190***	0.706***
C	0.532***	-0.261*	1.305***	0.338	1.347	-0.756	1.151***	1.335***	0.340	-1.074***
Observations	240	150	80	50	24	15	48	30	88	55
Adjust R^2	0.673	0.718	0.867	0.708	0.534	0.513	0.656	0.791	0.666	0.736
D. W.	2.074	2.200	2.290	2.358	2.386	2.042	1.591	2.349	2.115	2.629

注：***，**，* 分别表示 1%、5%、10% 的显著性水平。

（3）研发能力对我国碳减排效率水平提升的作用并不明显。从全国整体水平来看，研发能力的负面作用有轻微的增强，对东部和中部地区而言，负面作用也进一步强化，而对东北以及西部地区而言，研发能力更是由2000—2007年的正面推进因素变成了2008—2012年的负面因素。这与研发能力在我国不同地区的表现水平密切相关。从全国、东部以及中部地区在两个时间段的研发能力表现来看，研发支出占GDP的比例分别增长了38.11%，44.39%和57.52%。然而，对于东北和西部地区而言，同期仅增长了14.83%和17.87%，不到其他地区的一半。

（4）除西部地区外，以财务投入为核心的政府支持对促进碳减排效率水平提升的作用越来越明显。这不仅表明地方政府对低碳经济发展越来越重视，也表明政府支持在低碳经济发展初期的重要作用。然而，由于西部地区经济的相对落后，与其他地区相比，地方政府的财政投入相对不足。该地区2008—2012年平均每省每年的财政投入仅为198.9亿元，仅为全国平均水平的78.27%，因此财政支持在西部地区低碳发展过程中的作用并不明显。

（5）国际贸易与碳减排效率的相关性在全国、东部以及东北地区都有所降低，尤其对于东北地区而言，相关系数由正值变为负值。然而，同期中部和西部地区碳减排效率和国际贸易之间的相关系数分别从0.144、－0.577上升到0.886、0.241。其原因在于，进出口贸易在经济发展过程中的重要性有所降低。从2000—2007年到2008—2012年，中部和西部地区的进出口总额分别增长了2.3倍、2.6倍，但是从进出口贸易总额占GDP的比例来看，中部的占比从10%下降到9.74%，西部地区从11.12%提升到11.49%，而同期东部、东北以及全国分别增长了1.67倍、1.57倍和1.72倍，占GDP的比例则分别从84.3%、27.89%、56%下降到72.64%、22.73%、49.43%。这表明，进出口贸易在经济发展过程中的重要性有所降低。

4.5 本章小结

本章从行业和区域的角度分析了我国碳排放现状，并在此基础上从碳减排效率和减排潜力两个维度对中国大陆除港澳台和西藏外的30个省、自治区、直辖市 2000—2012 年的低碳经济发展现状及动态变迁进行评估。由上述分析可以得知：

（1）基于碳减排效率和减排潜力的中国碳减排现状及低碳经济发展研究表明，自 2007 年提出低碳经济以来，我国的碳排放总量得到有效控制，但碳减排效率在"九五"到"十一五"期间有所下滑，直到"十二五"初期略有回升。这表明，中国实现 GDP 快速发展和碳减排的双赢目标仍然是一件长期而艰巨的任务。而其外在原因则是政策制定者及执行者对增加期望产出的 GDP 的诉求要远高于减少非期望产出 CO_2 排放的诉求。一方面，当前我国的经济发展模式仍然是主要依靠能源、资本等要素投入驱动的重工业发展模式，然而，以一次能源投入为主的能源结构，在带来期望产出增加的同时，也会导致碳排放量的大量提升，即刺激非期望产出的增加。而且在中部、西部地区，对非期望产出的影响要远高于期望产出，影响到了低碳经济效率的提升。此外，从经济学的视角来看，要素投入数量的不断扩大也面临着要素边际报酬递减规律的约束，这增加了低碳经济发展的不可持续性，进而增加了低碳经济效率提升的难度。因此，需要通过要素市场的改革来实现要素重置，进而推动低碳经济效率的持续提升。另一方面，当前我国的政绩考核体系侧重于"唯 GDP 论"，即地方政府官员的升迁考核与 GDP 的增长密切相关，这导致政策制定者与实施者更为注重经济发展的数量，而非经济发展的质量，也就是说相较于非期望产出的 CO_2 排放量，决策者更为在意期望产出的 GDP。因此，他们对经济增长数量的追求远远超过了对有关碳排放、环境保护等经济发展质量的追求。这也解释了为什么最富裕的东部地区的碳减排效率同样也是最高的，为什么拥有较好发展基础及更强发展意愿的中部地区的低碳经济效率会持续下降，而经济基础一般的西部地区的碳减排效率却相对平稳。因此，有必要通过改革"唯 GDP 论"的政绩观，将环境、资源等指标纳入政绩考核体系，实现政绩考核由经济数量向经济质量的转变，进而鼓励、激励政策制定者和执行者将降低非期望产出和增加期望产出置于同等重要的地位。

（2）我国不同地区影响碳减排效率的因素有所不同，全国各地要结合低碳经济发展的实际情况，实行差异性和针对性更强的政策措施，走差异化的低碳发展路径。一方面，我国东部、东北、中部以及西部的经济发展基础有所差异，东部地区经济发展基础较好，尤其是北京、上海等地步入中等发达国家经济发展水平之列，对环境保护、低碳、绿色生活的意识更为强烈，也有充分的经济实力支撑环境保护、低碳发展，而西部地区既拥有生态环境的优势，又因为保护生态环境的约束要求，而使得经济的发展面临更严格的约束，因此，两地的低碳经济效率更多的是侧重维持期望产出与非期望产出之间的平衡。但是，对于拥有一定经济发展基础及强烈发展意愿的东北和中部地区而言，两地的低碳经济效率近年来持续下滑，原因就在于两地的发展更加侧重期望产出GDP 的最大化，而忽略了对非期望产出 CO_2 排放量的控制。因此，东北和中部地区需要更加注重对非期望产出的控制，将控制 CO_2 排放提升到与发展 GDP 同等重要的地位。而这与合理的政绩观和政绩考核体系也分不开。另一方面，不同的政策举措对不同区域的低碳经济效率有不同的影响，对东北地区而言，加大研发投入支持将会取得更加明显的成绩，但是加大研发投入对东部和西部的影响则不明显。对于这两个地区而言，加快推进城镇化，尤其是注重城镇化发展过程中的质量则是提升碳减排效率的核心。而对于中部地区而言，政府的支持，尤其是财务支持则会对低碳经济效率提升产生积极的影响。此外，低碳经济发展的地区差异，使得碳排放目标的分解及调控力度应体现出区域差异。除了考虑历史排放量外，碳减排目标的划分及调控力度也需要考虑不同地区的碳减排潜力以及因为技术、管理效率差异带来的减排成本差异。比如，河北、山西、内蒙古、陕西、新疆等地区的 CO_2 可减排规模及减排潜力均较为突出，应重点在排放量上予以关注。而福建、广西、江西等地的可减排规模虽然不大，但增长明显，应找准引起碳排放过快增长的源头，抑制碳排放的快速增长。

（3）有必要引入市场化的碳减排政策工具，在促进碳减排的同时，实现经济发展。中国中央政府及各地方政府在经济发展过程中具有重要的作用，通过政府层面的法律、规划等约束性要求可以在经济社会发展上起到一定的促进作用。从上文可以看出，研发投入、环境污染治理投资以及产业结构调整的实施主体都是政府，虽然这些因素都与低碳经济效率或多或少地有所关联，但是，关联系数都不大，而且显著性检验的结果并不理想。这说明，单纯依靠政府主导的方式对低碳经济发展的作用有限，而应该引入市场化的政策工具，通过市场化的手段既实现碳排放控制也促进经济发展。一方面，考虑引入碳税，通过环境要素的税制改革，刺激各单位采取节能减排措施，发展新能源，促进能源消费结构优化；同时，征收的碳税可以通过再分配的方式投资于节能减排技术，或者扩大环境污染治理投资资金额度。另一方面，考虑引入排放权交易。排放权交易不仅可以作为一种排污许可交易，同时也是一种金融工具，国外碳交易市场围绕碳排放权也衍生出了一系列的碳金融衍生产品，发展排放权交易，不仅可以实现污染物减排，也可以将其作为金融市场的一种补充来发展，实现金融市场的做大做强。

第5章 碳税政策的减排效果及其经济影响评估

第4章对低碳经济背景下我国的碳减排的现状与特征进行了量化评估，验证了因产业基础与能源结构的不同，我国不同地区间碳减排效率及碳减排潜力存在明显差异，并指出不同地区需要结合本地低碳经济发展的实际情况，通过引入差异化和有针对性的市场化碳减排政策工具，实现碳减排总量、碳减排成本及经济发展之间的均衡。在此基础上，本书接下来分别对碳税与碳交易的政策效果进行评估。本章将以碳税为例，通过对比分析碳税引进前后我国经济部门的经济发展表现与碳排放表现，研究征收碳税的减排效果及其对经济的影响。

5.1 方法与思路

分析开征碳税的碳减排效果以及其对经济的影响，关键在于对开征碳税前后经济运行的效果以及二氧化碳排放的效果进行对比分析。考虑到经济运行的不可逆转性与重复性，无法将经济主体实施碳税前后的效果进行直接比较，而只能对经济运行及二氧化碳排放的未来预期进行比较，即以不征碳税的经济发展情境为基础情境，另外构造一个征收碳税的情境为比较情境，通过二者间的比较得出碳税对经济运行和二氧化碳减排的效果。据此，本书将评估碳税影响的过程划分为两个阶段（见图 5 – 1）。

第一阶段，在不征收碳税的情境下，根据 GDP 增长及 CO_2 排放的趋势，预测未来 GDP 和 CO_2 的走势。本书通过引入投入产出理论，对 GDP 和 CO_2 排放的趋势分析进行了约束,并且通过引入决策算子,估算出 GDP 和 CO_2 之间的一种协调值,使得对 GDP 和 CO_2 的预测满足在尽可能地创造 GDP 的同时,实现 CO_2 排放目标的完成。这个阶段的目的是,在假设不征收碳税的情况下,预测出 GDP 总量和 CO_2 排放量的发展趋势,同时也可以得到各个不同部门的发展状况。此阶段的详细说明见 5.2 节。

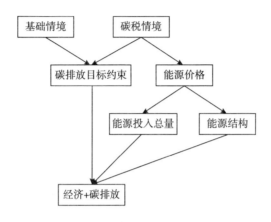

图 5-1 碳税分析基本思路

第二阶段,引入碳税进行分析。第 2 章的分析可知,征收碳税后,必然会带动能源价格波动,使能源价格上涨,对 GDP 的影响可以分为两个层次:其一,根据柯布-道格拉斯生产函数(以下简称 CD 函数),能源作为一种投入要素,其价格的上涨必然会导致产出的变化,结合投入产出理论,可以认为在原始投入(O)和中间投入(Y)部分都产生变化,而 O 与 Y 的变化,刚好可以反映到增加值 V(GDP)变化。对 O 和 Y 的变化,可以通过 CD 生产函数直接求出,进而综合 O 与 Y 的变化,可以得到 V 的变化。其二,根据能源替代理论可知,能源价格上涨将导致能源间的互相替代,即各个不同部门能源消费的结构会产生变化,进而导致部门间的能源投入系数发生变化。根据生产理论可知,需求是价格的函数,因此,这种对不同能源需求的变化与上文中提到的价格变化之间存在一种函数关系。通过推导可以得到,二者之间的关联可以通过能源间的交叉弹性系数得到。此阶段,征收碳税后,将导致用以分析和评估 GDP 与 CO_2 发展趋势的一些影响因素发生改变(能源价格、能源结构、能源投入系数、增加值率等),而这些因素的改变势必会导致 GDP 与 CO_2 预测值的改变。将两阶段得到的 GDP 与 CO_2 预测值进行比较，就可以得到征收碳税对这两者的影响。

为了简化分析，本书将中国投入产出表中划分的 42 个部门重新归并为 8 个部门，包括：农林牧渔业（部门一）；采掘业（部门二）；制造业（部门三）；电力、煤气及水的生产和供应业（部门四）；建筑业（部门五）；交通运输、仓储和邮政业（部门六）；批发零售业和住宿餐饮业（部门七）；其他行业（部门八）。本书将对征收碳税后 8 个经济部门的碳排放和 GDP 发展水平进行分析。

5.2　不考虑碳税条件下的经济发展基础情境

由上文的研究思路可知，对当前我国经济与环境的发展趋势进行科学分析是评估碳税政策影响的基础。因此，本节对我国经济与环境的发展趋势进行预测分析。其中，以国内生产总值（GDP）和 CO_2 排放总量分别作为经济和环境调控的总体目标。

5.2.1　预测方法与思路

考虑到经济环境发展的动态性与波动性，可以将 GDP 总量和 CO_2 排放总量的预测情境划分为两种，即最优发展情境和目标控制情境。对于前者，我们定义为不考虑未来经济发展的不确定性（宏观经济政策的突变、外部环境的突变），而仅考虑在过去多年以来经济发展的惯性。因此，此种情境下，可以认为是未来我国经济环境发展的最优场景。对于目标控制情境，主要是结合党的十八大以来我国明确提出的 GDP 发展目标、碳减排和能源控制目标进行设定，考虑到政府将这几类发展目标都明确在发展规划中予以显示，而规划一般带有强制意义，因此，可将对此强制目标的实现理解为 GDP 总量的最低值和 CO_2 排放总量的最高值。预测的情境特征总结如表 5 - 1 所示。

表 5 - 1 预测情境说明

情境类型	情境特征	设定依据
最优发展情境	忽略外部发展环境的波动性与动态性，重点突出经济发展的惯性	预测方法
目标控制情境	国家提出的 GDP 总量目标、CO_2 强度目标	党的十八大报告、能源发展规划、碳控制目标

1. 最优发展情境预测方法说明

在最优发展情境下，需要重点突出经济发展的惯性，因此，可以纯粹地考虑经济与环境数据序列的自身特征，利用其时间序列数据的特征，基于一系列的基础数据，通过数学方法预测得出。本书所利用的方法为基于 GM（1，1）和 ARMA 构建的综合评估模型。

2. 目标控制情境预测方法说明

目标控制情境下的经济与环境数据发展预测，需要重点考虑政府的文件或各类规划措施制定提出的发展规划目标与愿景。在本书中，GDP 发展愿景规划主要依据党的十八大报告所提出的目标，CO_2 排放总量数据则依据国务院制定的碳强度减排目标，在预测所得 GDP 数据的基础上计算得出。具体的计算过程详见下节。

5.2.2 基础数据

自改革开放以来，我国国民经济发展大体经过三个阶段。其中，考虑到发展环境与发展基础等原因，结合数据的可得性，我们选取 2000 年到 2012 年这一能够准确预测并度量 GDP 总产值和 CO_2 排放总量的时间段，数据存在样本量小等客观因素。

1. GDP 数值说明

GDP 的数据直接来自 2001—2013 年《中国统计年鉴》，具体数值及其表现如图 5 - 2 所示。

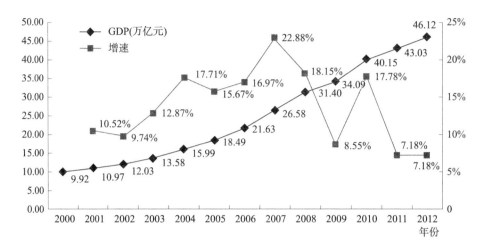

图 5 - 2　2000—2012 年我国 GDP 总量及发展速度

数据来源：2001—2013 年《中国统计年鉴》。

2. CO_2 数据说明

在 5.1 节中具体介绍了 CO_2 排放的估算方法。我们通过《中国统计年鉴》及《中国能源统计年鉴》所提供的分行业分品种能源消费量计算分行业的 CO_2 排放量。其中，2000—2011 年的全国经济部门及八部门 CO_2 排放数据的描述性分析如表 5 -2 所示。

表 5 - 2　2000—2011 年我国分部门 CO_2 排放的描述性统计说明

描述项	总量	部门一	部门二	部门三	部门四	部门五	部门六	部门七	部门八
均值 （亿吨当量）	66.337	0.650	4.240	34.358	21.806	0.294	3.576	0.445	0.968
方差	19.231	0.127	0.812	9.987	6.914	0.065	1.041	0.098	0.187
平均发展 速度（%）	8.6	5.6	4.6	8.4	10.1	6.3	8.6	6.1	5.7

从合并后八部门的 CO_2 排放来看，部门三是我国 CO_2 排放的核心部门，年均 CO_2 排放总量达到 34.358 亿吨当量，占全国总量的 51.8%。紧随其后的是部门四，年均排放量为 21.806 亿吨当量。部门三和部门四共占了全国排放总量的 84.7%。

5.2.3　预测结果及说明

根据设定的两类预测情境，可以对 2015—2020 年的中国八部门 GDP 总量和 CO_2 排放总量分别进行预测分析。

1. 最优发展情境

以 5.2.2 小节的数据为预测的基础数据，根据 5.2.1 中谈到的方法，对 2015—2020 年的中国八部门 GDP 总量和 CO_2 排放总量进行预测，即可得到最优情境下的 GDP 产值和 CO_2 排放总量。

（1）GDP 发展趋势

GDP 总量的基础数据直接从《中国统计年鉴》获得，利用基于灰色 GM（1，1）与 ARMA 相结合的综合模型对此进行预测，可以得到 2014—2020 年中国 GDP 总量的预测情况。进一步对分部门的 GDP 产值进行分析。考虑到国家统计局近年来只公布分第一、第二、第三产业的增加值数据，缺乏细分行业的 GDP 数值，因此，利用投入产出表提供的分行业增加值数值对本书考虑的八部门 GDP 数值进行预测。自 1980 年我国首次编制并发布投入产出表以来，我国逢尾数为 2、7 的年份公布正式调查的投入产出表，逢尾数为 0、5 的年份公布演算推理的投入产出表延长表，因此，目前我国共有 10 份全国性质的投入产出表及其延长表。考虑到数据的时效性及准确性，本书采取自 1990 年以来的投入产出表的数据为基础数据进行分析。

根据本书八部门划分的原则，以收集到的 10 份投入产出表（1992 年、1997 年、2002 年、2007 年、2012 年中国投入产出表以及 1990 年、1995 年、2000 年、2005 年、2010 年中国投入产出表延长表）为基础数据，将投入产出表中的 42 部门及投入产出延长表的 124 部门数据，统一整理为八部门数据，可以得到八部门 10 年的数据。同时，考虑到预测方法对连续时间数据的要求，利用插值法，将八部门分别按三大产业归类，以缺失年的三大产业 GDP 增长速度为依据，对八部门缺失年的 GDP 数值进行补充，并进行相应的平衡调整，这样就可以得到 1990—2012 年，连续 23 年的八部门 GDP 数值。以此 23 年的数据为基础，利用灰色 GM（1，1）与 ARMA 相结合的综合模型进行预测，可以得到 2014—2020 年中国八部门 GDP 总量的情况。全国 GDP 总量及八部门的 GDP 产值数据的一般性描述如表 5-3 所示。

表 5－3　最优发展情境下的 GDP 产值（2015—2020 年）　　单位：万亿元

产值	2015 年	2016 年	2017 年	2018 年	2019 年	2020 年
GDP 总量	80.7	93.58	108.33	125.76	145.8	169.47
部门一	5.70	6.20	6.75	7.35	8.01	8.72
部门二	4.36	5.06	5.87	6.81	7.89	9.15
部门三	25.20	28.76	32.81	37.38	42.63	48.58
部门四	2.88	3.34	3.86	4.47	5.18	6.00
部门五	4.39	5.06	5.82	6.74	7.76	8.99
部门六	3.97	4.52	5.16	5.88	6.70	7.63
部门七	7.09	8.14	9.33	10.71	12.29	14.11
部门八	27.11	32.50	38.73	46.42	55.34	66.29

（2）CO_2 发展趋势

将第 4 章中谈到的 CO_2 计算方法，进一步拓展到经济部门。同理，以八部门能源消费数据为基础，结合不同能源的碳转化系数可以得到基础年 2000—2011 年的八部门 CO_2 排放量数值，并以此 9 年的数据为基础数据，利用上文谈到的灰色 GM（1，1）与 ARMA 相结合的综合模型进行预测，可以得到 2015—2020 年中国八部门 CO_2 排放量及经济部门 CO_2 排放总量的情况，如表 5－4 所示。

表 5－4　最优发展情境下的 CO_2 排放量（2015—2020 年）　　单位：亿吨

	2015 年	2016 年	2017 年	2018 年	2019 年	2020 年
CO_2 总量	138.15	149.65	162.35	175.88	190.75	206.69

2. 目标控制情境

（1）GDP 发展趋势

目标控制情境下的 GDP 发展趋势，主要预测依据为党的十八大报告提出"到 2020 年，国内生产总值在 2010 年的基础上翻一番"。根据统计年鉴可知，2010 年我国总共实现 GDP 产值 40.15 万亿元，据此，可以得到 2020 年的目标值是不少于 80.3 万亿元，平均增速为 7.17%，由此可以得到此情境下的经济总量表现。同理，假定所有部门的增长速度均为总体经济的发展速度，即可得到分部门的 GDP 产值数据，如表 5－5 所示。

表 5 - 5　目标控制情境下的 GDP 总产值（2015—2020 年）　单位：万亿元

	2015 年	2016 年	2017 年	2018 年	2019 年	2020 年
GDP 总量	56.80	60.87	65.23	69.91	74.92	80.30

（2）CO_2 发展趋势

2009 年，国务院提出到 2020 年我国单位国内生产总值二氧化碳排放（单位 GDP 二氧化碳排放强度）比 2005 年下降 40% ~ 45%，并将此减排目标作为约束性指标纳入国民经济和社会发展中长期规划。2005 年，我国 GDP 产值为 18.49 万亿元人民币，同期 CO_2 排放量为 61.69 亿吨，因此，可以得到 2005 年我国的碳排放强度为 3.3364 吨 CO_2/万元。结合上文估算的 2020 年经济规模总量，可以倒推得到 2020 年的我国碳排放强度控制目标值为 1.5037 吨 CO_2/万元，年平均降低 5.17%，由此可以得到此情境下的 CO_2 排放表现。同理，假定所有部门的减排速度均为 CO_2 排放总量的减排速度，即可得到 2014—2020 年分部门的 CO_2 排放数据，如表 5 - 6 所示。

表 5 - 6　目标控制情境下的 CO_2 排放量（2015—2020 年）　单位：亿吨

	2015 年	2016 年	2017 年	2018 年	2019 年	2020 年
CO_2 总量	113.56	114.97	116.39	117.82	119.28	120.75

3. 最终预测结果

通过情境设计，我们分别得到了整个经济部门的 GDP 总量和 CO_2 排放数值的最优值和最低值，还需另外计算八部门各自的 GDP 数值，以及 CO_2 排放量在八部门间的分配，同时综合考虑 GDP 目标和 CO_2 减排目标的有效整合与统一。因此，接下来，我们将进一步对实现 GDP 和 CO_2 的双目标进行整合分析。

（1）目标函数

考虑到在经济社会发展过程中，我们同时追求经济发展成效和碳减排成效的双赢，即实现 GDP 的最大化和 CO_2 排放的最小化，因此，目标函数可以分为 GDP 总量和 CO_2 排放总量两部分。其中，需要实现 GDP 总量的最大化：

$$Max_{GDP} = \max \sum_{i=1}^{8} V_i \times X_i$$

其中，V_i 为 i 部门的增加值率，X_i 为 i 部门的总产出，由投入产出可知 $V_i \times$

X_i 为 i 部门的 GDP 总量。

而 CO_2 排放总量则需要实现排放最小化：

$$Min_{CO_2} = \min \sum_{i=1}^{8} \left(\sum_{j=1}^{8} c_{ij} \times e_{ij} \times X_i \right)$$

其中，j 为能源类型，c_{ij} 为 i 部门的 j 能源的 CO_2 排放系数，e_{ij} 为 i 部门的 j 能源的投入系数，X_i 的含义同上。

（2）约束条件

根据投入产出理论可知，每个子产业的最终产出必须满足其最终需求的最低要求，即

$$(I - D)_i \times X \geqslant Y_i$$

其中，I 为单位矩阵，D 为直接消耗系数矩阵，I、D 均为 8×8 的单位矩阵，X 则为 8×1 的行向量，Y_i 为 i 部门最终需求的最低值。

考虑到 GDP 生产总值和 CO_2 排放总量的限制，为了避免模型模拟次数过多，设置了每个子产业的 GDP 生产总值和 CO_2 排放总量的上下限值，即有：

$$X_i \leqslant \overline{X_i} \quad (i = 1, 2, \cdots, 8)$$

其中，$\overline{X_i}$ 是 i 部门的上限值，也即为上文中分析的最优情境值。

从能源消耗的角度来看，则有：

$$e_i X_i \leqslant \overline{E_i}$$

$$e_i X_i \geqslant \underline{E_i}$$

其中，e_i 为总的能源投入系数，$\overline{E_i}$、$\underline{E_i}$ 则分别为 i 部门的上限和下限值，二者分别可以利用 CO_2 排放量的数值进行倒推，为方便计算，将能源值统一为热量单位（kcal）。

（3）最终模型

考虑到最优发展情境和目标控制情境是在绝对理想的环境下所能达到的目标值，其实质是提供了 GDP、CO_2 排放量所能实现的最优值和最低值，而在实际过程中，决策者对决策目标的需求是寻求可接受的解（GDP 有下限，而碳排放有上限），而非绝对的最优解。因此，可以通过引入决策算子 α，将上述模型的目标函数改造为：

目标函数：max α

约束条件：

$$\frac{\sum_{i=1}^{8} V_i \times X_i - (G_{goal} - d_g)}{d_g} \geq \alpha$$

$$\frac{(C_{goal} + d_c) - \sum_{i=1}^{8} \left(\sum_{j=1}^{8} c_{ij} \times e_{ij} \times X_i \right)}{d_c} \geq \alpha$$

其中，决策算子 α 为同时实现经济目标（GDP）和碳减排目标（CO_2）的程度，G_{goal} 为 GDP 的目标值，d_g 为对 GDP 目标的容忍度，d_g 可以通过灰色预测模型得出，C_{goal} 为 CO_2 的排放目标，d_c 为对 CO_2 排放目标的容忍度。同样，d_c 也可以通过灰色预测模型得出。$\sum_{i=1}^{8} V_i \times X_i$ 为经济总量，$\sum_{i=1}^{8} \left(\sum_{j=1}^{8} c_{ij} \times e_{ij} \times X_i \right)$ 为 CO_2 的排放总量。在 α 最大的可行解的情况下，可以通过最有效的成本实现了 GDP 总量最大和 CO_2 排放总量最小的相对统一，因此，基于 α 最大值下的 GDP 总量、CO_2 排放总量数值，我们就可以得到正常情况下，我国 2014—2020 年 GDP 总量和 CO_2 排放总量的预测数值（如表 5 - 7、表 5 - 8 所示）。根据模型的特征内涵，我们将利用此方法，综合最优发展情境和规划目标情境数值评估计算得到的 GDP 数值和 CO_2 排放数值，并定义为 2014—2020 年我国经济和环境发展趋势的基础情境。

表 5 - 7　2015—2020 年我国经济发展（GDP）趋势的基础情境

单位：万亿元

产值	2015 年	2016 年	2017 年	2018 年	2019 年	2020 年
GDP 总量	66.795	72.92	79.829	87.26	95.411	108.631
部门一	4.716	4.834	4.977	5.103	5.240	5.589
部门二	3.611	3.945	4.325	4.723	5.165	5.867
部门三	20.854	22.406	24.176	25.937	27.896	31.142
部门四	2.384	2.599	2.847	3.103	3.389	3.843
部门五	3.637	3.943	4.287	4.676	5.076	5.760
部门六	3.285	3.525	3.799	4.077	4.383	4.892
部门七	5.872	6.342	6.878	7.434	8.045	9.044
部门八	22.436	25.326	28.540	32.207	36.217	42.494

表 5 − 8   2015—2020 年我国 CO_2 排放趋势的基础情境   单位：亿吨

CO_2 排放量	2015 年	2016 年	2017 年	2018 年	2019 年	2020 年
总量	122.364	127.383	132.838	138.607	144.864	151.515
部门一	0.985	1.027	1.050	1.140	1.181	1.222
部门二	7.678	7.534	7.825	8.002	8.387	8.748
部门三	63.041	66.091	67.501	70.031	73.155	76.886
部门四	41.173	42.788	45.985	48.596	50.717	52.659
部门五	0.485	0.538	0.558	0.557	0.603	0.605
部门六	6.610	6.911	7.280	7.545	7.951	8.380
部门七	0.780	0.802	0.840	0.874	0.920	0.969
部门八	1.612	1.692	1.799	1.862	1.950	2.046

5.3   征收碳税的情境方案设计

征收碳税，需要明确开征碳税的目标和原则、征收对象和征收范围，并制定出科学合理的税率。

5.3.1   碳税开征目标和原则

在低碳经济发展背景下合理征收碳税主要是为了实现以下三大目的：

（1）直接目的：控制 CO_2 排放，积极应对全球气候变化；

（2）间接目的：促进节能减排，实现经济结构转型；

（3）最终目的：为环境税制改革提供基础，优化环境税收体系，形成适应"两型社会"发展要求的财税体系，同时实时抢占低碳经济发展制高点。

根据国外开征碳税的实践经验和我国的实际需要，征收碳税需要遵循以下基本原则：

（1）兼顾环境保护与经济发展。低碳经济的目的在于实现碳排放和 GDP 的协调发展。征收碳税的目的在于通过赋予企业碳排放行为一定的成本来抑制企业的无序碳排放行为。但超过企业承担能力的碳税税负将对企业正常的生产经营行为及其市场竞争力造成影响，最终损害经济的发展。因此，征收碳税应该通过合理地设置税负水平，在抑制碳排放行为的同时，尽可能地降低对经济发展的影响。

（2）合理借鉴和立足国情。国外众多国家提供了丰富的碳税实施经验，为我国开征碳税提供了较好的经验借鉴。不过，鉴于我国与发达国家所处的经济发展阶段以及承担的碳减排责任与义务有所不同，而且在税制、纳税人以及社会环境等方面也存在差别，因此，我国开征碳税不能完全照搬国外的做法，而需要立足国情，设计切实可行的碳税体制。

（3）有序推进。发达国家碳税的实践表明，分阶段实施碳税不仅能够降低社会公众对征收碳税的阻碍，也能够给企业一定的适应期，便于碳税的顺利实施。因此，我国开征碳税需要分阶段地逐步扩大碳税征收面和提高税率水平。

5.3.2　征税范围和纳税人

CO_2 排放量是征收碳税额度的标准。考虑到对各个 CO_2 排放主体排放量的计量、核算因素，我国碳税的征税范围限定为因使用化石燃料燃烧而产生的 CO_2 排放量，纳税人确定为使用化石燃料燃烧而产生 CO_2 排放行为的各个法人和个人。在本书中，出于研究目标，以行业整体为纳税人进行分析。

5.3.3　计税依据

计税依据的目的在于准确核算纳税人的 CO_2 排放量。本书将碳税的征税范围限定为因使用化石燃料燃烧而产生的 CO_2 排放量，因此，单个纳税人的 CO_2 排放量可以通过对化石能源的消费量进行间接测算。间接测算 CO_2 排放量的有效性在实践中得到了丹麦、瑞典、挪威等国家的验证，也能够有效降低对碳税的征管成本，便于碳税的推进实施。

5.3.4　税率的确定

根据计税依据，税率的形式可以确定为定额税率。按照开征碳税所需遵循的原则，碳税税率水平的设计既需要考虑 CO_2 减排的效果，也需要避免因征收碳税而对正常的生产经营行为和市场竞争力造成影响，还需要考虑社会的接受度，减少社会对征收碳税的阻力。从我国国情来看，经济社会稳定持续发展仍是首要任务，碳税的目的更多地在于引导社会对减少碳排放的关注与重视，因此，在初期，碳税的税率水平应当适当偏低，而在后期待经济发展到一定阶段，技术水平发展到一定层次时可以考虑逐步提高税率水平。

综合国内外的实践经验与中国财政科学研究院及中国环境保护协会的研究，参考我国各地碳交易试点工作中对碳配额的标价，本书将碳税价格划分为高、中、低三种方案，分别为 20 元/吨 CO_2、50 元/吨 CO_2 和 100 元/吨 CO_2。在实践中，需要根据社会经济的实际情况建立碳税税率的动态调整机制。

5.4 评估模型及数据收集

5.4.1 影响机理分析

由 5.1 节提出的分析方法与思路可以得知，征收碳税后，因为税收导致的价格成本提升必然会传导至能源消费者，并由此带来能源价格变化。而从投入产出理论和生产函数可知，能源作为重要的一种生产投入资料，其价格的上升，一方面将带来对能源需求总量和能源需求结构的变化，另一方面会直接导致生产要素间的替换作用。也就是说，征收碳税后的生产要素投入（劳力、资本及能源等）与未征收碳税的情境（即本书中的基础情境）相比将发生较大的变化，而且这种变化对宏观的整体经济表现以及中观的各个生产部门都会产生影响。在 CO_2 排放方面，因为生产资料投入的变化，尤其是能源消耗总量与结构的变化都将导致各个生产部门 CO_2 排放量的改变。因此，我们认为，由碳税的变化导致的能源价格的变化是影响经济部门 GDP 产值和 CO_2 排放量的基础性因素，通过计算和评估能源价格的变化，可以逐步求出能源价格变化后的 GDP 产值和 CO_2 排放量变化。

5.4.2 评估模型说明

由上文分析可知，碳税带来的能源价格波动所导致的能源间替代作用和能源与其他生产要素间的替代作用是产生 GDP 和 CO_2 排放水平变化的基础。由此，借鉴 Lee 等（2007）[42] 的文章，构建相应的模型方法及步骤。

1. 能源价格的变化

设基期原油的价格为 P，因征收碳税导致增加的成本绝对值为 ΔP，则因征收碳税导致的能源价格变化百分比 $P' = (P + \Delta P)/P + \Delta P_0$。其中，$(P + \Delta P)/P$ 为因碳税带来的能源成本增加比例，ΔP_0 表示其他因素变动带来的能源价格变化百分比。在本书分析中，ΔP_0 采用能源价格指数的变化得到。综合因碳税带来的价格变化以及其他因素带来的影响，可以得到征收碳税后，能源价格的变化率为 P'。

因此，可以加权计算得到部门 j 能源的价格变化 P_j^{Δ} 为

$$P_j^{\Delta} = \frac{\sum_{i=1}^{8} P'_i \times E_i}{\sum_{i=1}^{8} E_i}$$

其中，E_i 为部门 j 消费 i 能源的总量（以热量值为单位汇总），$\sum_{i=1}^{8} E_i$ 为部门 j 消费的 8 种不同能源的消费总量。

2. 增加值的变化

根据投入产出理论，由能源价格变化导致的细分产业的增加值的变化可以利用以下方程计算：

$$\Delta O_j = P_j^{\Delta} \times E_{KE} \times K + P_j^{\Delta} \times E_{LE} \times L$$

其中，ΔO_j 表示部门 j 原始投入的变化，K、L 分别表示 j 部门的资本投入和劳动力投入。E_{KE} 是资本能源的交叉弹性系数，E_{LE} 是劳动能源的交叉弹性系数，E_{KE}、E_{LE} 分别表示当能源价格变化 1% 的时候，所引起的资本 K 和劳动力 L 变化。

同理，由能源价格变化引起的产业中间投入变化可以计算为：

$$\Delta Y_j = P_j^{\Delta} \times E_{EE} \times C_E + P_j^{\Delta} \times E_{ME} \times M$$

其中，ΔY_j 为部门 j 中间投入的变化；C_E、M 分别表示 j 部门总的能源消费成本和中间物料投入；E_{EE} 是指能源的自弹性系数，表示当能源价格变化 1% 时所带来的能源投入的变化；E_{ME} 是物料与能源的交叉弹性系数，表示当能源价格变化 1% 的时候，所引起的中间物料投入 M 的变化。

因此，结合原始投入和中间投入的变化 ΔO_j、ΔY_j，可以得到征收碳税后，部门 j 增加值率的变化为：

$$V_j^A = \frac{O_j + \Delta O_j}{(Y_j + \Delta Y_j) + (O_j + \Delta O_j)}$$

O_j、Y_j 分别表示征收碳税前部门 j 的增加值与中间投入。因此，征收碳税后部门 j 的 GDP 产值即为 O_j。

5.4.3 数据来源说明

从上述模型可以看出，模型中的基本数据主要包括价格数据 P，以及影响增加值和增加值率的弹性值 E 和投入要素劳动力 L、资本投入 K。

1. 价格数据来源

本书研究中涉及的能源共有八大类，各种不同能源价格的变化除了涉及各个能源本身的价格之外，也涉及能源整体的价格指数变化，下面分别阐述 8 种不同能源的价格依据：

（1）原油。采用大庆油田现货价（美元/桶）。其中，将美元根据实时汇率进行统一价格调整。

（2）天然气。采用国家发改委价格监测中心 36 个城市工业用天然气价格。

（3）燃料油。采用国家发改委价格监测中心数据。

（4）汽油。采用商务部监测数据，90#、93#、97#三种不同类型汽油零售价及批发价的均价。

（5）煤油。

（6）煤炭。采用国家发改委价格监测中心 36 个城市烟煤月平均价格。采用国家统计局工业品出厂价格，重点企业煤炭、一般烟煤的年初和年底的平均价格作为当年的价格。

（7）焦炭。采用国家发改委价格监测中心车板价。

（8）柴油。采用商务部监测生产资料价格，两种不同类型（0#和－10#）柴油批发价和零售价的均价。

上述数据，均通过 CEIC 数据中国数据库得到，同时参照《中国能源数据手册》、中国价格信息网进行数据的补充。对于部分缺失数据，根据统计年鉴中不同能源的出厂价格指数进行了调整补充。

得到 8 类能源的价格数据后，可以利用上文公式计算得到征收碳税后的能源价格变化波动如表 5 - 9。

表 5 - 9　征收碳税后的能源价格变化波动

部门	2015 年	2016 年	2017 年	2018 年	2019 年	2020 年
部门一	104.00%	103.74%	103.49%	103.27%	103.06%	102.86%
部门二	185.51%	180.31%	175.68%	171.34%	167.19%	163.25%
部门三	147.13%	143.63%	140.55%	137.73%	135.09%	132.60%
部门四	128.69%	126.95%	125.39%	123.93%	122.54%	121.21%
部门五	111.42%	110.73%	110.10%	109.52%	108.96%	108.44%
部门六	176.81%	172.28%	168.27%	164.47%	160.84%	157.38%
部门七	280.25%	269.63%	260.21%	251.30%	242.78%	234.66%
部门八	164.69%	160.87%	157.48%	154.28%	151.21%	148.29%

2. 要素投入数据来源

本书主要涉及四类要素投入，其中影响增加值的要素包括资本投入 K 和劳动力投入 L，而影响中间投入的要素则包括能源消费成本 C_E 和中间物料投入 M。具体来源依据为：

（1）资本投入 K。分部门的资本投入数值采用分部门的固定资产投资总额代替，单位为亿元。

（2）劳动力投入 L。分部门的劳动力投入数据计算分为两部分，对于早期数据，从《中国统计年鉴》上可以直接得到细分行业的就业数据，将行业按八部门进行归类汇总即可得到。自 2003 年以后，国家取消了这一数值的发布，转而公布"按行业分城镇单位就业人员数（不包含私营企业）"和"城镇私营企业和个体就业人数"两类数据，因此，根据部门特征，将这两类指标数据进行汇总即可得到分部门的劳动力投入数据。劳动力投入数据单位为万人。

（3）能源消费成本 C_E。能源消费成本数据，根据历年能源消费数据（实物量），乘以能源价格得到。

（4）中间物料投入 M。中间投入数值通过历年投入产出表中的中间投入（价值量）得到。

3. 弹性数据来源

本书所需的弹性数据主要包括资本与能源的交叉弹性系数 E_{KE}，劳动力与能源的交叉弹性系数 E_{LE} 以及能源的自弹性系数 E_{EE} 和物料与能源的交叉弹性

系数 E_{ME} 四类。考虑到有关投入要素间的交叉价格弹性以及能源的自价格弹性的研究比较多，且较为成熟，因此，本书研究中涉及的弹性数据主要是引用其他学者的相关研究，具体来源如表 5－10 所示。

表 5－10　弹性数据具体介绍及其来源

弹性内容	数值	来源
资本与能源的交叉弹性系数 E_{KE}	$E_{KE} = -0.17$	Empirical assessment of energy－price policies: the case for cross－price elasticities[153]
劳动力与能源的交叉弹性系数 E_{LE}	$E_{LE} = 0.03$	Substitution Possibilities and Determinants of Energy Intensity for China[154]
能源的自弹性系数 E_{EE}	$E_{EE} = -0.01$	能源替代弹性与中国经济结构调整[155]
物料与能源的交叉弹性系数 E_{ME}	$E_{ME} = 0.06$	Empirical assessment of energy－price policies: the case for cross－price elasticities[153]

5.5　评估结果及其分析

5.5.1　计算结果

本节以 20 元/吨 CO_2 的碳税征税额为例，对征税后各个经济部门 GDP 和 CO_2 变化的过程进行说明，其他碳税额度引起的变化结果的计算过程与步骤与此类似，具体结果见下节的结果分析部分。根据上文计算得到的征收碳税后对能源价格的波动，将各个部门的资本以及劳动力投入数据代入 5.4.2 节中公式，可以得到各部门增加值的变化，如表 5－11 所示。

表 5－11　征收碳税后各经济部门增加值的变化　　　　单位：亿元

产值	2015 年	2016 年	2017 年	2018 年	2019 年	2020 年
GDP 总量	2649.50	2849.61	3085.82	3380.60	3736.96	4196.00
部门一	269.03	267.58	266.71	267.82	270.05	268.68
部门二	123.42	134.37	146.48	156.96	169.00	184.70
部门三	853.47	937.05	1034.89	1139.80	1265.93	1402.95
部门四	55.70	60.12	64.40	69.32	74.44	84.59
部门五	81.79	86.49	91.47	93.83	96.45	98.62
部门六	152.61	161.61	173.82	193.53	218.56	255.43

产值	2015 年	2016 年	2017 年	2018 年	2019 年	2020 年
部门七	469.59	486.94	503.50	515.00	530.10	575.09
部门八	643.89	715.45	804.55	944.34	1112.43	1325.94

同理，利用新的能源价格数据乘以能源消费总量，可以得到能源的消费成本 C。通过投入产出表，并利用 RAS 方法的调整，即可得到 2015—2020 年的中间投入 M 的数值。根据上文方法，利用 C、M 的数值即可得到中间投入 Y 的变化值，如表 5–12。

表 5–12　征收碳税后各经济部门中间投入的变化　　单位：亿元

投入	2015 年	2016 年	2017 年	2018 年	2019 年	2020 年
部门一	109.60	119.41	130.13	141.85	154.64	168.62
部门二	257.31	294.28	341.57	393.49	455.53	526.69
部门三	4095.45	4698.18	5410.22	6181.75	7112.02	8158.99
部门四	365.48	448.82	551.98	679.08	836.11	1029.77
部门五	415.56	478.44	550.91	634.8	731.48	843.24
部门六	387.36	444.69	512.71	592.45	685.79	795.19
部门七	334.84	352.17	374.96	393.35	415.41	437.93
部门八	778.59	894.35	1029.29	1185.92	1366.96	1576.84

通过表 5–11 和表 5–12 得到 V、Y 的变化值，将二者汇总即可以得到征收碳税后我国各个经济部门 2015—2020 年的总产值变化，如表 5–13 所示。

表 5–13　征收碳税后各经济部门总产值 X 的变化　　单元：万亿元

产值	2015 年	2016 年	2017 年	2018 年	2019 年	2020 年
部门一	8.65	9.16	9.73	10.33	10.97	11.88
部门二	9.05	10.37	12.00	13.82	15.98	18.71
部门三	132.39	153.66	178.83	206.46	239.85	279.07
部门四	13.83	16.86	20.63	25.27	31.01	38.26
部门五	18.68	21.39	24.51	28.12	32.24	37.25
部门六	11.10	12.88	15.00	17.48	20.41	24.04
部门七	10.21	11.12	12.18	13.23	14.42	16.00
部门八	40.82	47.02	54.11	62.31	71.65	84.18

利用新的总产值数据，结合不变的能源投入系数以及碳转化系数，可以得到征收碳税后经济主体排放 CO_2 的基本情况，如表 5 – 14 所示。

表 5 – 14 征收碳税后各经济部门 CO_2 的排放量   单位：亿吨

CO_2 排放量	2015 年	2016 年	2017 年	2018 年	2019 年	2020 年
总量	95.377	97.465	99.960	102.212	105.012	108.430
部门一	0.693	0.685	0.679	0.671	0.666	0.672
部门二	4.754	4.699	4.695	4.665	4.657	4.704
部门三	43.466	43.747	44.141	44.188	44.512	44.905
部门四	36.934	38.298	39.823	41.455	43.252	45.358
部门五	0.389	0.393	0.397	0.401	0.406	0.413
部门六	7.180	7.662	8.222	8.811	9.479	10.276
部门七	0.565	0.564	0.567	0.565	0.565	0.576
部门八	1.396	1.417	1.436	1.456	1.475	1.526

5.5.2 宏观经济影响

征收碳税对宏观经济的影响可以从三个方面进行分析：其一是 GDP 绝对减少值，表明征收碳税对产出的绝对影响，数值为征收碳税前后的 GDP 差值；其二是相对影响，可以用 GDP 的绝对减少值占 GDP 原值的比例表示，表示GDP 的损失率；其三是对 GDP 增速的影响，通过对征收碳税前后 GDP 增长速度的变化来考察。

值得注意的是，本书中的 GDP 损失量是指将征收碳税后经济部门的 GDP产值与基础情境中该部门的 GDP 产值相比所得到的绝对减少值，因此，绝对减少值的大小并不能就绝对表明对 GDP 损害的大小，而是与当年的能源价格、资本与劳力投入等因素均有密切联系。因此，为了度量开征碳税对 GDP 损失的大小，我们采用 GDP 损失率表示，其数值等于 GDP 损失量/基期 GDP 数值。

由上文计算结果可知，引入碳税后各个经济部门的 GDP 变化数值如表 5 – 11所示。将其与基础情境下的经济发展数值（见表 5 – 7）比较，即可得到征收碳税后我国各个经济部门 GDP 产值的变化情况。

将不同碳税税率水平带来的对 GDP 总量的损失进行比较，可以发现：

（1）从 GDP 的绝对值来看，征收碳税势必会对我国的经济产生影响，而且从短期来看（2020 年以前），征收碳税所造成的 GDP 绝对损失值将呈上升趋势。具体到国民经济整体表现（GDP 总值），在初征碳税的原始年，即 2015 年，征收碳税将使我国经济总体规模与不征收碳税时相比减少 2649.5 亿元，进而持续缓慢上升到 2020 年的 4196 亿元，减少值年均增加 9.6%。分部门来看，除部门一外，其余所有部门的绝对减少值均呈上升趋势，部门一则由 2015 年减少 269.03 亿元小幅下降到 2020 年的减少 268.68 亿元。从各部门减少值占总量的结构占比来看，部门三、部门八及部门七的碳税减少绝对值位居前三位，三部门的 GDP 减少绝对值占比超过了 75%，其中，部门三的结构占比由 2015 年的 32.21% 上升到 2020 年的 33.44%，部门八则由 24.3% 上升到 31.6%，而部门七则由 17.72% 下降到 13.71%。部门一的结构占比下降最为明显，由 10.15% 下降到 6.4%，下降约 4 个百分点。部门二、部门四和部门五则分别小幅下降了 0.26、0.08 和 0.76 个百分点，同期部门六小幅增加了 0.33 个百分点。

（2）从 GDP 的相对损失率来看，征收碳税对各个部门的经济增加值影响总体呈下降态势。具体到国民经济整体表现（GDP 总值），GDP 损失率由 2014 年的 0.403% 逐步下降到 2018 年的 0.387%，并于 2019 年有所反弹到 0.392%，而后再次下降到 2020 年的 0.386%。碳税对经济总量的影响呈先上升再下降、其后又上升的过程，其原因在于在碳税的刺激下，能源的价格在 2016 年会有大幅提升，使得经济部门因准备不足导致成本大幅增加，造成了经济总量的相对减少。而 2019 年 GDP 损失率的反弹主要是因为 2020 年是在基础情境设置中，GDP 的发展速度在逐步减缓，导致 GDP 减少的绝对值占到 GDP 总产值的比例有所上升。分部门来看，部门一、部门四、部门五以及部门七的 GDP 损失率持续下降，分别由 2014 年的 0.584%、0.237%、0.228%、0.84% 下降到 2020 年的 0.481%、0.22%、0.171%、0.636%。部门二则在 2016 年之前损失率相对稳定在 0.341%，而后持续下降到 2020 年的 0.315%。部门三的 GDP 损失率则由 2014 年的 0.399% 持续上升到 2019 年的 0.454%，而后于 2020 年下降到 0.451%。而部门六和部门八的 GDP 损失率则分别由 2014 年的 0.473%、0.293% 持续下降到 2017 年的 0.458%、0.282%，而后又持续上升到 2020 年的 0.522%、0.312%。

（3）从 GDP 增速的变化来看，征收碳税前后，以名义 GDP 计算的增速几乎不受影响。从 GDP 总量来看，2015 年名义 GDP 将增长 7.8%，随后一直稳定在 9% 以上，2020 年更是达到 13.86%，相较于征收碳税前甚至略有提升。具体到各部门，与宏观经济整体表现相一致，部门一、部门二、部门五、部门七相较于征收碳税前的 GDP 增长速度也有所提升，而部门三的 GDP 增速在 2015—2018 年则略微下降了 0.01%，并于 2019 年下降 0.02%，2020 年又持平。部门四的经济基本不受影响，部门六、部门八在 2015—2016 年的 GDP 增速小幅增加了 0.01 个百分点，但是，从 2018 年开始又相对有所下滑，与这两个部门的 GDP 损失率结果相对一致。

综合 GDP 绝对减少值及 GDP 增速表现来看，部门四（电力、煤气及水的生产和供应业）是受碳税影响最大的部门，其次分别是部门六（交通运输、仓储和邮政业）和部门二（采掘业），而碳税对部门三（制造业）和部门八（其他行业）的影响最小。碳税的征收对象即为通过化石能源的使用导致二氧化碳排放的经济主体，因此，化石能源的使用量将直接决定碳税的征收额度。从本章的分析可以看出，部门四、部门六和部门二一直是能源消费的重点部门，征收碳税对这些部门的影响显而易见，而部门八实际上主要是生活服务类的部门，其碳排放量本身比较小，受征收碳税的影响也比较小。

5.5.3 碳减排影响

进一步分析征收碳税对各个部门二氧化碳排放量的影响，根据对 CO_2 排放考察的需要，可以从三个方面进行分析：①CO_2 的绝对减排值，利用征收碳税前后 CO_2 的排放量数据直接相减即可得到；②CO_2 的减排率，利用征收碳税后减少排放的 CO_2 量除以征收碳税前的 CO_2 排放量表示；③CO_2 排放强度，即单位 GDP 的 CO_2 排放水平。

基于基础情境下的二氧化碳排放数值（见表 5 - 8）和征收碳税后的二氧化碳排放数值（见表 5 - 14），将二者进行比较，可以得到征收碳税后 CO_2 的减排率如表 5 - 15 所示。

表 5 – 15　征收碳税后各经济部门 CO_2 排放量的影响

排放量影响	2015 年	2016 年	2017 年	2018 年	2019 年	2020 年
CO_2 总量	22.05%	23.49%	24.75%	26.26%	27.51%	28.44%
部门一	29.64%	33.30%	35.33%	41.14%	43.61%	45.01%
部门二	38.08%	37.63%	40.00%	41.70%	44.47%	46.23%
部门三	31.05%	33.81%	34.61%	36.90%	39.15%	41.60%
部门四	10.30%	10.49%	13.40%	14.69%	14.72%	13.86%
部门五	19.79%	26.95%	28.85%	28.01%	32.67%	31.74%
部门六	− 8.62%	− 10.87%	− 12.94%	− 16.78%	− 19.22%	− 22.63%
部门七	27.56%	29.68%	32.50%	35.35%	38.59%	40.56%
部门八	13.40%	16.25%	20.18%	21.80%	24.36%	25.42%

同理，综合碳税对各个经济部门二氧化碳排放绝对值（见表 5 – 14）的影响，我们可以发现以下几点：

（1）从 CO_2 的绝对减排量来看，全国 CO_2 排放总量的减少量在逐年上升，由 2015 年的 26.98 亿吨快速上升到 2020 年的 43.09 亿吨，年均增加 9.82%，表明碳税对 CO_2 减排的调控作用在中长期将会得到进一步的展现。分部门来看，部门六的碳排放增加较多，这说明征收碳税无法直接降低部门六的 CO_2 减排量，而且从部门六的 CO_2 排放增速来看，征收碳税前，年均增速为 4.86%，远小于征收碳税后的 7.43%，这表明部门六的 CO_2 排放量因征收碳税将会进一步上升。从 CO_2 减排量的部门占比来看，部门三因其排放量上的绝对优势也成为 CO_2 减排的核心部门，其 CO_2 减排量占到全部减排量的 70% 以上，不过其占比在逐渐下滑。紧随其后的分别是部门四和部门二，两部门 CO_2 减排量分别占全部减排量的 12%、9% 以上。其中，部门四的减排量占比在逐渐上升，由 2014 年的 15.71% 上升到 2020 年的 16.94%，而同期部门二的减排量占比则由 10.84% 缓慢下降到 9.39%。其余各个部门的碳减排量占比均有所提升。

（2）从 CO_2 的减排率来看，全国 CO_2 减排水平在不断提升，CO_2 减排率由 2015 年的 22.05% 上升到 2020 年的 28.44%，表明随着碳税的深入实施，征收碳税对碳减排的作用将会越来越明显。分部门来看，部门二、部门三与部门一是 CO_2 减排率最高的部门，三部门 2015 年分别能够减少 38.08%、31.05%、29.64%，而 2020 年的减排率则进一步上升到 46.23%、41.6% 以及 45.01%。

与 2015 年相比，部门五、部门七在 2020 年的 CO_2 减排率分别上升 11.95 和 13 个百分点，上升到 31.74% 和 40.56%。考虑到部门六的 CO_2 排放量不降反升，因此，部门六的 CO_2 减排率为负值，而且呈上升趋势。减排率相对较小的部门有部门四和部门八，两部门 2015 年分别能够减排 10.3%、13.4%，而到 2020 年减排率则上升到 13.86% 和 25.42%。

（3）从碳排放强度的变化来看，征收碳税前，除部门一外，包括全国总量水平及其余所有部门的碳排放强度均呈逐年下降状态。其中，全国碳排放强度年均下降 5.6%，而碳排放强度下降最为明显的分别为部门八和部门二，两部门 2015 年到 2020 年的年平均降速分别为 8.33% 和 7.36%。部门六的碳排放强度降低速度相对较慢，为 3.27%。部门一的碳排放强度虽然逐年略有上升（平均增速为 0.91%），但其碳排放强度绝对值较低，2015 年仅为 0.209 吨 CO_2／万元，不到全国平均水平（1.83 吨 CO_2／万元）的八分之一。征收碳税后，除部门六外所有部门碳排放强度的绝对值都有所下降，而且碳排放强度的降低速度均有所提升。部门六的碳排放强度绝对值有所上升，虽然也呈降低态势，但降低速度有所下降。由上文可知，征收碳税后部门六的 CO_2 排放量还会继续上升，因此其碳排放强度也在上升。其中，部门二的碳排放强度降速由 $-0.91%$ 上升到 4.11%，提升了 5 个百分点。紧随其后的是部门七、部门三和部门五，三部门的碳排放强度降速分别上升了 4.25、3.51 及 3.45 个百分点。部门四因碳税导致的碳排放强度水平的影响较小，该部门碳排放强度降速仅上升 0.86%，而对部门六而言，征收碳税将导致该部门碳排放强度降速降低 2.49 个百分点。

综合来看，征收碳税对我国碳减排效果具有明显的推动作用，全国的 CO_2 减排总量逐年上升。具体到各个经济部门，碳税对部门三的 CO_2 排放影响最大，该部门的 CO_2 绝对减少量及减排率均处于较高水平。部门四的绝对减排量较明显，但其减排率水平比较低，减排量较高的原因主要在于其排放水平本身较高。综合减排率水平以及碳排放强度降低水平来看，征收碳税对部门四和部门八的影响相对较小，两部门减排水平及碳排放强度水平均低于全国平均水平，而对部门二、部门一以及部门三的影响最大。

5.5.4 减排成本分析

考虑到计算的简便性，本书以单位碳减排引起的 GDP 损失量（元／吨

CO_2）作为单位碳减排成本，计算公式为：

$$C_{CO_2} = \frac{\Delta GDP_i}{\Delta CO_{2i}}$$

其中，ΔGDP_i 为 i 部门的 GDP 损失量，ΔCO_{2i} 为 i 部门的 CO_2 损失量，C_{CO_2} 为单位碳减排成本。由此可以得到征收碳税后各经济部门的 CO_2 减排成本，如表 5 - 16 表示。

表 5 - 16　征收碳税后各经济部门的 CO_2 减排成本　　单位：元/吨 CO_2

成本	2015 年	2016 年	2017 年	2018 年	2019 年	2020 年
总体	98.20	95.24	93.85	92.87	93.78	97.38
部门一	921.34	782.40	718.89	571.04	524.37	488.51
部门二	42.21	47.40	46.80	47.04	45.31	45.67
部门三	43.60	41.94	44.30	44.10	44.20	43.87
部门四	13.14	13.39	10.45	9.71	9.97	11.59
部门五	851.98	596.48	568.14	601.47	489.59	513.65
部门六	-267.74	-215.19	-184.52	-152.87	-143.04	-134.72
部门七	2184.14	2045.97	1844.32	1666.67	1493.24	1463.33
部门八	2980.97	2601.64	2216.39	2325.96	2341.96	2549.88

从宏观经济整体表现来看，CO_2 减排成本自 2015 年开始到 2019 年呈下降态势，由 98.2 元/吨 CO_2 下降到 93.78 元/吨 CO_2，然而 2020 年又迅速增加到 97.38 元/吨 CO_2。从不同的经济部门来看，各个部门间的碳减排成本差异明显。其中，部门八、部门七、部门一以及部门五的碳减排成本远远高于平均水平（以"总体"表现为代表），四部门每吨 CO_2 的减排成本在 2015 年分别高达 2980.97 元、2184.14 元、921.34 元、851.98 元。不过四部门碳减排的成本变化也呈现出差异化的特征，其中，部门一和部门七的 CO_2 减排成本呈持续下降趋势，两部门的减排成本年均降低 13.53%、8.34%。而部门五在 2015—2017 年的减排成本大幅降低到 568.14 元/吨 CO_2，但又迅速上升到 2018 年的 601.47 元/吨 CO_2，经过 2019 年的大幅下降后于 2020 年又有所回升。部门八在 2015—2018 年的减排成本有所降低，但是 2019 年、2020 年又持续上升到 2549.88 元/吨 CO_2。部门二、部门三的减排成本均较小，其中部门二的减排成本呈微弱的上升态势，而部门三的减排成本则基本持平。CO_2 减排成本最低的

部门为部门四，其减排成本在 2015 年仅为 13.14 元/吨 CO_2，并于 2018 年达到最低值 9.71 元/吨 CO_2，2020 年又有所回升到 11.59 元/吨 CO_2。

碳减排成本的大小取决于征收碳税对该部门的经济发展状况与 CO_2 排放行为影响的均衡表现。从上文分析可知，部门八、部门七、部门一以及部门五的碳减排成本远远高于全国平均水平。这说明，与其他部门相比，碳税对上述部门 GDP 总量的影响相对较高，这些部门的经济发展受到碳税的负面影响也更为明显。因此，应该利用征收碳税所得对上述部门的经济发展进行适当的支持弥补，包括采取适当降低其他税种的税负水平、对企业的研发行为进行奖励及补助等政策措施。

5.5.5 不同碳税水平的影响比较

上文以 20 元/吨 CO_2 的税率水平对开征碳税对宏观经济及碳排放的影响进行了评估。参考第三章中对部分国家征收碳税的经验可以发现，不同国家的税率水平按照循序渐进的原则，对碳税税负的确定大体可以分为高、中、低三个层次。因此，本书增设 100 元/吨 CO_2、50 元/吨 CO_2 的税率水平，按照上文的方法，分别在不同的税率水平下对碳税的征收对宏观经济及碳排放的影响进行评估，并将结果与上文中的 20 元/吨 CO_2 的税率水平的影响进行比较分析。三种方案分别设定为我国碳税税率征收水平的高、中、低三档水平，得到影响结果如表 5-17 所示。

表 5-17 不同税率水平下的碳税对宏观经济总量和碳排放的影响

影响指标	2015 年	2016 年	2017 年	2018 年	2019 年	2020 年
GDP 总量（万亿元）	66.68	72.1	79.78	87.19	95.27	108.23
税率：20 元/吨 CO_2						
GDP 损失量（亿元）	2649.5	2849.61	3085.82	3380.6	3736.96	4196
损失率	0.40%	0.39%	0.39%	0.39%	0.39%	0.39%
单位 GDP 碳排放强度（吨 CO_2/万元）	1.4305	1.3517	1.253	1.1723	1.1023	1.0019
碳减排成本（元/吨 CO_2）	98.2	95.24	93.85	92.87	93.78	97.38

影响指标	2015 年	2016 年	2017 年	2018 年	2019 年	2020 年
税率：50 元/吨 CO_2						
GDP 损失量（万亿元）	4173.71	4491.82	4866.23	5332.52	5896.8	6638.42
损失率	0.63%	0.62%	0.61%	0.61%	0.62%	0.61%
单位 GDP 碳排放强度（吨 CO_2/万元）	1.4299	1.3386	1.2543	1.1737	1.1032	1.0006
碳减排成本（元/吨 CO_2）	152.02	147.92	146.06	144.85	146.49	152.64
税率：100 元/吨 CO_2						
GDP 损失量（万亿元）	6714.06	7228.85	7833.58	8585.72	9496.52	10709.11
损失率	1.01%	0.99%	0.98%	0.98%	1.00%	0.99%
单位 GDP 碳排放强度（吨 CO_2/万元）	1.4234	1.3333	1.2499	1.1701	1.1002	0.9982
碳减排成本（元/吨 CO_2）	237.72	232.29	230.14	228.88	232	242.51

（1）从短期来看（2020 年以前），税率水平越高对 GDP 的绝对影响越大，相对影响越小。从 GDP 的绝对损失量和相对损失率来看，税率水平越高，GDP 的绝对损失量也越高，但损失量的增加率逐步降低。碳税的征收，将直接导致能源价格水平的提高。税率越高，对能源价格的影响越明显，也将导致企业生产成本的迅速提高，给企业的生产经营带来一定的影响。

（2）高税率水平有利于快速降低 CO_2 排放水平，将推动单位 GDP 碳排放强度降低。以 2020 年为例，在 100 元/吨 CO_2 的税率水平下，单位 GDP 碳排放强度将下降到 1 吨 CO_2/万元以下，仅为 0.9982 吨 CO_2/万元，同期 20 元/吨 CO_2、50 元/吨 CO_2 税率水平下的单位 GDP 碳排放强度分别为 1.0019 吨 CO_2/万元和 1.0006 吨 CO_2/万元。不过，相较于税率增加的水平来看，单位 GDP 碳排放强度的降低水平并不明显。

（3）高税率的碳税征收将进一步推高碳减排成本。以 2020 年为例，在 20 元/吨 CO_2 的税率水平下，平均碳减排成本为 97.38 元/吨 CO_2，当税率水平上升

1.5 倍达到 50 元/吨 CO_2 时，相应的平均碳减排成本上升 56.75%，达到 152.64 元/吨 CO_2；而当税率水平上升 4 倍达到 100 元/吨 CO_2 时，平均碳减排成本更是达到 242.51 元/吨 CO_2，上升了 1.49 倍。

由三种碳税税率水平对宏观经济与碳排放影响的比较可以看出，从短期来看，高额的碳税税率水平能够有效推动碳排放取得更明显的成绩，单位 GDP 的碳排放强度也将下降到更低的水平。但综合征收碳税对 GDP 和 CO_2 的影响来看，较高的碳税税率水平在使得 CO_2 的排放水平略有降低的同时，将在更大程度上对经济造成影响，使得 GDP 的绝对损失量及相对损失率出现较大的波动，也将迅速地拉高平均碳减排成本，使得碳减排的经济性并不明显。因此，从上文比较分析的结论可以看出，从短期来看，我国现阶段需要将碳税水平设置在较低的税率水平下，避免高额的碳税给企业正常的生产经营带来巨大的影响，同时在此水平下实现碳减排目标，进而实现经济与碳排放控制的有效均衡。

5.6　本章小结

从理论上看，碳税的实施将赋予 CO_2 排放行为一定的成本，进而倒逼企业加强对 CO_2 排放的重视，减少碳排放，保护环境并节约资源。而通过 CD 生产函数以及能源替代理论可知，对基于能源消费而产生的 CO_2 排放进行征税，将对能源的价格产生影响，进而影响到企业的能源消费行为（包括能源使用种类及能源使用总量）及生产成本，并由此对企业的生产经营及碳排放造成影响。为此，本章结合能源替代理论以及投入产出理论，构建了征收碳税对我国经济发展及 CO_2 排放影响的评估模型，并对我国八部门的经济发展及 CO_2 排放行为的影响进行了详细分析，相关工作及其结论包括：

（1）基于投入产出理论及能源替代理论的碳税影响评估模型能够有效对基于能源消费的 CO_2 排放行为进行量化分析。低碳经济发展的目标在于实现 GDP 增长与 CO_2 排放的均衡发展。为此，本章分两阶段对征收碳税对 GDP 和 CO_2 排放的影响进行评估。首先，通过引入决策算子，基于投入产出理论对各个经济部门间的关联进行限定与约束，在此基础上，利用构建的 GM（1，1）

及 ARMA 模型对各部门 GDP 和 CO_2 排放的趋势进行分析，以此作为未征收碳税经济发展的基础情境。然后，基于 CD 生产函数以及能源替代理论，将能源作为经济发展的投入要素，对征收碳税后各个部门 GDP 和 CO_2 的情况进行分析。将两阶段得到的 GDP 与 CO_2 数值进行比较，即可以得到征收碳税对经济发展及 CO_2 排放的影响。在此基础上，本书进一步分高、中、低三层次的碳税水平对我国八部门经济发展、碳减排行为以及碳减排成本进行了比较分析。

（2）碳税的征收将对我国经济发展造成一定程度的冲击，而且对不同经济部门的影响也存在明显的差异，不过在同一碳税水平下，征收碳税对经济发展造成的损害将逐步降低。分 GDP 绝对减少值、GDP 损失率以及 GDP 增速变化三层次的研究表明，部门四（电力、煤气及水的生产和供应业）是受碳税影响最大的部门，其次分别是部门六（交通运输、仓储和邮政业）和部门二（采掘业），而碳税对部门三（制造业）和部门八（其他行业）的影响最小。

（3）征收碳税有利于快速推动我国的 CO_2 减排。分 CO_2 绝对减排值、CO_2 减排率以及 CO_2 排放强度三层次的研究表明，征收碳税后，我国 CO_2 减排总量逐年上升，减排效果明显。具体到各个经济部门，碳税对部门三的 CO_2 排放影响最大，该部门的 CO_2 绝对减排量及减排率均处于较高水平。综合减排率水平以及碳排放强度降低水平来看，征收碳税对部门四和部门八的影响相对较小，两部门的减排水平及碳排放强度水平均低于平均水平，而对部门二、部门一以及部门三的影响最大。

（4）不同的碳税税率水平对宏观经济与碳排放影响也存在较为明显的差异。从短期来看，高额的碳税税率水平能够有效推动碳排放取得更明显的成绩，单位 GDP 的碳排放强度也将下降到更低的水平。较高的碳税税率水平在使得 CO_2 的排放水平略有降低的同时，将在更大程度上对经济造成影响，使得 GDP 的绝对损失量及相对损失率出现较大的波动，也将迅速地拉高平均碳减排成本，使得碳减排的经济性并不明显。由此，从短期来看，我国现阶段需要将碳税水平设置在较低的税率水平下，避免高额的碳税给企业正常的生产经营带来巨大的影响，同时在此水平下实现碳减排目标，进而实现经济与碳排放控制的有效均衡。此外，鉴于征收碳税对不同部门的差异化影响，有必要通过税收返还等合理的制度及政策设计，对影响较大的部门给予一定的弥补与支持。

第6章 碳排放权交易政策的减排效果及其经济影响评估

碳排放权交易是除碳税外另一种控制碳排放的有效手段。第2章、第3章分别从理论和实践层面对排放权交易的理论价值和实施经验进行了探讨。从实践来看，因为操作上的相对便捷性，碳交易得到了各国政府和企业更多的欢迎。然而，配额分配这一理论和实践上存在的难题也使得碳交易市场的有效性备受质疑。第5章对征收碳税对我国八部门的碳排放和产值影响进行了详细分析，并研究了不同税额的差异化影响。本章继续以碳排放为例，利用基于Multi – Agent的方法对八部门间的碳交易进行仿真分析，重点分析不同配额分配方案下碳排放权交易政策的减排效果及其对经济发展的影响。

6.1 方法与思路

碳排放权交易的效果取决于碳配额分配对企业排放行为的制约以及企业在应对这种制约时所作出的决策行为，前者将直接影响到对 CO_2 排放总量的控制，而后者将通过企业的决策行为影响到企业的经济发展。由此可知，碳排放权交易因涉及企业的决策行为，无法通过类似碳税的分析手段进行分析，而只能通过基于 Multi – Agent 的方法对碳交易的过程进行动态模拟和仿真分析。从碳交易市场的运作来看，对碳交易作用的分析过程可以分成以下两个阶段：

一是由政府主导的配额分配过程，可以认为它是碳交易市场的一级市场。在一级市场，政府在一定的碳排放总量控制的约束下，选择合理的配额总量进行分发，并通过祖父制、拍卖制等特定的配额分配制度，将配额分配给各个不同的交易主体。从第3章的经验介绍可以看出，配额分配的合理性将直接影响碳交易市场的有效运行。因此，合理的配额分配制度及其执行是一级市场的主要任务。在本书中，将基于传统的分配方式构造多种配额分配制度，并基于不同配额分配制度下碳交易仿真的结果，实现不同配额分配方式间的比较以及碳交易和碳税的作用效果比较。本书研究的重点是衡量碳交易政策的实施对碳排放和部门经济发展造成的影响，不对配额分配的方式进行详细分析。因此，本书将以假设的方式，构造多种配额分配制度，并具体规定配额分配方式的数量及其特征。

二是由不同排放主体间自由交易的配额交易市场，即碳交易市场的二级市场。在二级市场，碳排放参与主体将比较自己所拥有的碳配额量以及因生产经营可能产生的碳排放量，决策通过增加自身配额量或者降低碳排放量的方式来实现二者间的均衡，进而实现达标排放。在此阶段，实现碳排放达标有两种途径：一是购买碳配额（参与配额交易）；二是加大技术改进，降低碳排放。因此，企业的决策行为将在这一阶段得到体现：一方面，企业需要权衡配额的购买成本与企业通过技术改造来降低碳排放的技术投入；另一方面，企业也有可能权衡配额的购买成本与企业减少生产带来的利润及收益损失等。在本书中，假设排放主体购买配额或者提升技术降低碳排放的立足点在于实现自身利益最大化。由此，可以分析排放主体的决策行为对 CO_2 排放和经济产值的影响。此阶段的具体说明详见 6.2.3 节。

两阶段的划分及其具体任务如图 6-1 所示。

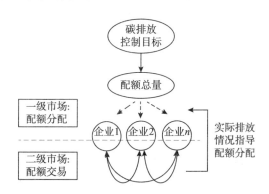

图6-1　碳排放权交易基本思路

6.2 碳排放权交易制度设计

6.2.1 参与方

从欧盟、美国以及我国已开展碳排放权交易试点地区的实践经验来看，政府会通过行业特性、历史排放量等一系列的要求限定参与碳排放权交易的对象，这表明碳交易的参与对象范围有限，而且各个参与对象间的个体差异较为明显。这与碳税制度对不同行业、不同企业具有一致的作用有所不同。碳税制度普适性的特点，决定了对碳税的分析可以从行业层面整体入手，而碳交易的评估则更多的是针对企业对象的深度分析。不过，为了将碳交易的作用效果与碳税的作用效果进行比较分析，本书仍将采取与碳税交易中一致的分析对象，即将中国经济的八部门虚拟为八大经济主体，并假设八大经济主体为碳交易对象，通过交易制度的设计对八大经济主体间的交易行为及其对 CO_2 排放的影响和部门的经济发展造成的影响进行仿真分析。鉴于本书的八大经济部门划分本身就是通过行业合并得到的，因此，将八大经济部门虚拟为八大行业的大型企业，也不会影响到对碳交易行为影响的分析。

因此，本书中碳交易的参与方设定为一级市场上的政府部门及我国八大经济部门，二级市场的参与者则主要为八大经济部门。排放权交易的目标是实现达标排放。为此，排放主体可以通过技术改造来减少 CO_2 排放，以及买入额外的碳排放权两种主要手段来实现 CO_2 达标排放。各个排放主体将通过比较实施技术改造的投入与购买碳排放权交易的成本，从而选择最优的碳减排方式。

6.2.2 配额分配规则

从上文的分析可以看出，碳交易市场可以分为一级市场和二级市场。一级市场的主要目的在于完成配额分配。本节首先介绍一级市场上的配额分配规则，具体包括配额总量的确定以及总量在不同行业间的分配。

1. 配额总量

配额总量由政府确定的碳减排目标以及历史排放总量来确定。假设上年的

碳排放总量为 A，k_t 为不同年份的配额系数（则 $1 - k_t$ 为政府设定的碳减排目标），则可以得到相应的配额总量

$$B = k_t \times A \qquad (6-1)$$

交易市场启动初期的配额总量由政府制定的碳排放控制目标来制定。而在后期，政府可以根据碳排放的实际情况动态调整配额总量。

2. 配额在不同排放主体间的分配

由第 3 章介绍的全球碳交易市场运作现状可知，碳排放权配额的分配方式主要包括免费发放、有偿发放以及混合发放三种方式。其中，欧盟的 EU ETS 在交易的前两个阶段（2005—2012 年）以免费发放为主；而从 2009 年开始运作的美国 RGGI 市场则重点为有偿发放，其有偿发放的方式主要通过企业间的竞价拍卖来实现；自 2010 年开始启动的澳大利亚碳排放交易市场，则在借鉴 EU ETS 和 RGGI 配额发放方式利弊得失的基础上，通过设置固定的碳排放配额价格，来实现配额的有偿分配。而从我国的实践来看，已经开展试点工作的七个地区在初期均采用以免费为主的方式分配配额，不过也将有偿发放的方法纳入配额分配方式的规划。如广东在初期（2013—2014 年）的有偿配额发放比例为 3%，而在 2015 年这一比例则上升至 10%。

由不同配额方案的制度优缺点及其实践经验可知，每一种配额方式都有自身的优劣，因此每个试点地区都要从实际情况和政策取向出发，选择和创新一种适合自身需要的配额方式。

为比较不同配额分配方式对碳交易效果的影响，本书将分为免费分配、有偿分配以及混合分配三种配额分配方式对碳排放权交易开展研究。由此，假定碳交易市场存在 n 个排放主体，m_n 为第 n 个行业的配额分配比例，在配额总量为 B 的条件下，行业 n 得到的配额量 CQ_n 可以表示为

$$CQ_n = m_n \times B \qquad (6-2)$$

其中，$\sum m_n = 1$。为进一步区分排放主体通过免费、付费或是混合分配机制下获取的碳排放权配额，假定 a_t 为 t 年的免费分配比例，可以进一步得到排放主体 n 付出的配额成本为

$$TC_n = p_0 \times m_n \times (1 - a_t) \times B \qquad (6-3)$$

当 $a_t = 1$ 时，表明配额完全采取免费分配，此时无需付出配额成本；当 $a_t = 0$ 时，表示配额需要完全付费获取；否则，配额通过免费分配和公开拍卖

相结合的混合分配方式完成分配。p_0 为政府向主体出售碳排放权配额的价格，在初期 p_0 为固定值，而后期 p_0 的数值则根据排放主体间的碳排放权交易价格进行动态调整。当 $0 < a_t \leqslant 1$ 时，政府将对一定比例的碳排放权配额进行有偿出售，此时，政府可以取得一定的收入。则政府收入所得：

$$GR = \sum p_0 \times m_n \times (1 - a_t) \times B$$

通过这些收入，政府一方面有足够的资金用于碳交易市场的基础建设，包括平台维护、后台管理等。另一方面，为鼓励排放主体积极推动碳减排，政府会将一部分的配额收入用以支持企业的技术改造以降低碳减排。本书假设政府按照单个行业投入的技改投资的 20% 进行补贴，总的补贴额度不超过配额收入的 80%。则有：

$$0.8 \times GR \geqslant 0.2 \times \sum IM_n$$

式中，IM_n 为第 n 个行业的技改投资。由此，通过一级市场的配额分配过程，各个排放主体将获取一定额度的碳排放额度，而政府则可能获取一定的配额出售收入，并将这些收入中的一部分支持排放主体的技术改造行为。

6.2.3 交易规则

排放主体在获取碳排放权配额后，将比较自身的碳排放情况与在一级市场上获取的碳排放权配额，当存在配额不足或配额过剩的情况时，将通过参与二级市场上的碳排放权交易来实现达标排放。

在碳排放交易阶段，各个碳交易主体需要通过对自身生产经营情况的判断，从而对是否参与碳交易过程进行判断与决策。总体来看，二级市场上的碳交易运行机制大体可以分为以下三个阶段：

首先，企业比较自身所拥有的碳排放配额以及估算到交割日之前企业实际的排放量，以决策企业是否需要额外购买碳排放配额。

其次，企业比较购买配额所需要支付的成本以及通过技术改造等措施降低碳排放的总投入，进而对购买配额或是技术改造行为进行决策。

再次，当企业选择购买配额时，则会通过碳交易市场寻找买主来完成碳交易；当企业选择技术改造，则参与碳市场的买方行为，但同时也可能参与碳市场的卖方行为，即通过技术改造使得碳排放量降低，从而获取富余的碳排放配额量，成为碳交易市场的配额提供者。

由此，企业的碳配额量与实际排放量的比较是此阶段运营的基础。因此，此阶段分配额是否充足存在以下两种情况：

1. 企业配额量有剩余，即 $CE_n < CQ_n$

此时，行业通过出售排放配额获取收益 $p_1 \times (CQ_n - CE_n)$。因此，行业参与碳排放交易的总收入可以通过在一级市场上的购买成本和二级市场上的配额转卖收益得到，此时，行业的总收入表示为：

$$TR_n = p_1 \times (CQ_n - CE_n) - p_0 \times m_n \times (1 - a_t) \times B$$

式中，p_1 表示配额交易的价格；CQ_n 表示政府发放的碳配额；CE_n 表示实际的碳排放额。p_0 为从政府获取配额的价格。m_n、a_t、B 的含义均同上。

2. 企业配额量不够，即 $CE_n > CQ_n$

此时，企业将对技术减排投入与购买配额减排投入进行比较，即比较 TC_n^0 与 $\sum p_1 \times (CQ_{nt} - CE_{nt})$ 的大小，从而对企业的行为进行决策。不同行业减排技术间的差异，使得不同主体通过不同技术来减少碳排放的技改成本与收益存在明显的差异。在边际减排成本递增的假设下，限定 CO_2 的边际减排成本与 CO_2 减排量之间是线性函数 $MC = kq$，q 为 CO_2 减排量，k 为斜率，在本书中 k 与排放主体密切相关。由此，可以得到排放主体 n 通过技改推动 CO_2 减排的总成本

$$TC_n^0 = \int_0^{TQ} kq\mathrm{d}q = \frac{1}{2}k \times TQ^2 \tag{6-4}$$

式（6-4）表示排放主体 n 实现 TQ 的碳减排量需要付出 TC_n^0 的技术改造成本。则比较技改成本 TC_n^0 与购买相应的配额成本 $\sum p \times TQ$，有以下结论：

（1）$TC_n^0 < \sum p \times TQ$，此时，技改成本较低，排放主体 n 选择通过技术改造实现碳减排。可以得到排放主体 n 的减排总支出为：

$$TR_n = p_1 \times (CQ_n - CE_n + TQ_n) - p_0 \times m_n \times (1 - a_t) \times B \tag{6-5}$$

当 $CE_n - TQ_n < CQ_n$，表示排放主体 n 可以通过出售多余配额获益。否则，排放主体 n 还需要额外购买碳配额。

（2）$TC_n^0 \geqslant \sum p \times TQ$，此时，直接购买配额的成本较低，排放主体 n 选择通过直接购买碳配额来实现达标排放。排放主体 n 的减排总支出为：

$$TR_n = p_1 \times (CQ_n - CE_n) - p_0 \times m_n \times (1 - a_t) \times B \tag{6-6}$$

综上，在碳排放权配额交易阶段，各个碳交易主体需要通过对自身生产经营情况的判断对是否参与碳交易过程进行判断与决策。具体交易流程如图6-2所示。

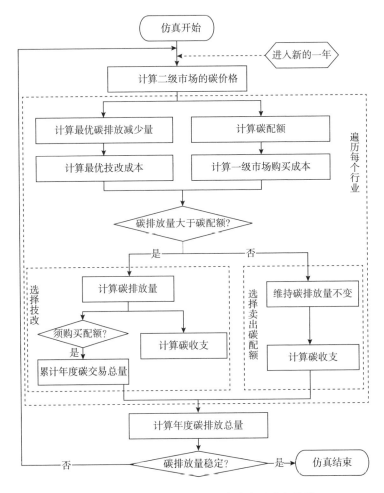

图6-2 基于 Multi-Agent 的碳交易流程设计

6.3 仿真环境设计

6.3.1 仿真环境及假设说明

本书利用 Matlab 编程实现对碳交易过程的模拟仿真。仿真周期以年为单位，时间限定为 2015—2020 年。为简化分析，假设如下。

（1）所有参与交易的市场为完全竞争市场，因此，不同配额交易方在同一周期内的交易价格一致。因此，配额交易对象的选择是随机的。

（2）每一个交易周期内（一年），单个交易者仅需一次决策就能完成当年目标，即单个交易者可以通过技改实现减排目标，或者通过一次配额交易实现达标排放。

（3）在政府的强制性减排目标下，所有配额交易方的配额购买需求都能得到充分实现，也即假设配额的供给充足。

6.3.2　交易背景及数据来源

由上文的分析可知，碳交易模拟分析的基本参数包括配额总量、配额分配方式、一级和二级市场配额价格以及不同主体的技改成本及其收益五个方面。目前我国缺乏单一企业的 CO_2 排放量，因此综合数据的可得性，本书以中国的八大行业为碳交易对象（主体）。

1. 配额总量确定

我国政府于 2009 年提出了到 2020 年单位 GDP 强度比 2005 年降低 40% ~ 45% 的碳减排目标。为了便于同第 5 章中碳税的分析结果进行比较，本书分析的配额总量根据中国政府提出的碳强度目标以及 GDP 发展目标为依据进行估算所得。

2. 配额分配说明

由第 3 章的经验可知，初始配额分配的依据主要包括历史排放法和基准法。考虑到数据的可得性，本书采用历史数据法对各个排放主体的初始配额进行限定。因此，本书首先通过计算八大行业的 CO_2 历史排放量作为各个部门配额分配的基本依据。然后通过免费发放或者配额拍卖，以及二者相结合的方式实现总量碳配额在不同交易对象间的分配。同时，考虑到经济发展、新增工艺等需要，政府也有可能预留一部分的配额来对配额交易市场进行动态调整。

（1）历史排放数据

历史排放数据是合理分配碳配额的基础。由第 5 章的分析可知，我国的碳排放总量自 2005 年以来快速上升，碳排放总量于 2006 年超过美国成为世界第一排放大国。而受 2008 年国际金融危机的影响，我国产业转型升级的步伐有所变缓，能源密集型的行业得到快速发展，进一步促进了碳排放。因此，本书选择 2010—2012 年三年的数据作为碳配额分配过程中的历史排放参考数据。

（2）配额分配机制设计

配额的分配包括配额的发放方式以及年度配额的变化比例，前者决定了排放主体获取排放配额的手段，而后者则表明了碳减排的强度。根据当前我国已启动的碳交易市场的运作经验来看，配额计算的基本依据为参照排放主体的历史排放量，结合碳减排的总量控制目标进行分配。本书采取类似的研究方法，根据主体前三年的历史排放量来加权计算，有：

$$CQ_{n,t} = \alpha \times CE_{n,t-1} + \beta \times CE_{n,t-2} + \gamma \times CE_{n,t-3} \qquad (6-7)$$

式中，$CQ_{n,t}$ 表示 t 年政府发放的碳配额，$CE_{n,t-1}$、$CE_{n,t-2}$、$CE_{n,t-3}$ 分别表示 $t-1$ 年、$t-2$ 年、$t-3$ 年实际的碳排放额。α、β、γ 分别表示对应年份实际碳排放额在考虑碳配额分配时的比重。其中 $\alpha+\beta+\gamma$ 表示配额变化强度，$\alpha+\beta+\gamma$ 越小，表示配额减少越快，碳减排的压力越大，且 $\alpha+\beta+\gamma \leqslant 1$。

本书设计的 5 种配额方案具体参数如表 6-1 所示。

表 6-1　不同配额分配方案特征

方案		配额变化强度 $(k_t = \alpha + \beta + \gamma)$			配额发放方式
		α	β	γ	
完全免费	方案一	$k_t = 0.95$			$a_t = 1$
完全付费	方案二	$k_t = 0.95$			$a_t = 0$
混合分配	方案三（高速降低配额）	0.3	0.1	0.1	$a_t = 0.05$，$t \in \{2015, 2016\}$
	方案四（中速降低配额）	0.4	0.25	0.15	$a_t = 0.1$，$t \in \{2017, 2018\}$
	方案五（低速降低配额）	0.45	0.3	0.2	$a_t = 0.3$，$t \in \{2019, 2020\}$

3. 配额价格

碳配额价格分为一级市场价格 p_0 和二级市场价格 p_1 两类。

（1）一级市场价格 p_0

结合我国已经开放碳排放交易试点的情况来看，除深圳外的大部分地区一级市场的碳配额价格限定在 20 元/吨 CO_2 左右，因此，在碳交易运行第一年，限定 $p_0 = 20$ 元/吨 CO_2。在配额分配每两年调整一次的假定下，调整后一级市场上的配额价格为上一阶段配额的平均价格。

（2）二级市场价格 p_1

二级市场是碳配额的自由交易市场。通过第1章的文献回顾可以发现，碳交易配额价格与碳交易量密切相关。在我国已经正式启动的七家碳交易市场中，除广东外，其余地区的配额价格在初期都限定为20元/吨 CO_2。本书假定在交易启动阶段（第一年），碳配额价格为20元/吨 CO_2。第二年以后，在完全竞争市场的假设下，配额交易的价格将会由配额供给关系决定。考虑到我国政治经济环境的独特性，本书利用深圳碳交易市场2013年8月5日—2014年7月16日共计218条交易数据，对碳价与碳配额交易量之间的关系进行拟合分析，通过对滞后一期、滞后二期的成交量与成交价进行逐步回归可以得到最佳的拟合方程为：

$$\ln p_t = 0.911 \times \ln p_{t-1} - 0.001 \times \ln q_{t-1} + 0.389 \qquad (6-8)$$

其中，p_t 为当期价格，p_{t-1} 为前一期的价格，q_{t-1} 为前一期的成交量。因此，本书以式（6-8）计算碳排放权的交易价格。

4. 技改成本与收益

由上文分析可知，减排总成本 TC_n^0 与行业特征的 k 值密切相关。针对本书研究主体所处的行业，根据国家发改委制定的《国家重点节能技术推广目录》、科技部制定的《节能减排与低碳技术成果转化推广清单》中提供的不同行业典型技术所需的技改投资及其所带来的年均 CO_2 减排量，可以得到相应的单位投资所带来的碳减排量，以该值作为 k 值的代替值。为了简化分析，我们假设企业的技改成本完全为 CO_2 减排成本，而忽略相应的投资所产生的经济价值。具体数据及其来源如表6-2所示。

表6-2　不同行业的单位碳减排成本

主体	技改投资（万元）	年均 CO_2 减排量（吨）
农林牧渔业	741.854	15606
采掘业	161.4	12749
制造业	98.4	2164.8
电力、煤气及水的生产和供应业	1175	25692
建筑业	56	776
交通运输、仓储和邮政业	94778	2000000
批发、零售业和住宿、餐饮业	303.2	956.8
其他行业	56	776

数据来源：《国家重点节能技术推广目录》《节能减排与低碳技术成果转化推广清单》。

6.4 仿真结果及分析

为研究不同配额分配机制下的碳减排效果及其对排放主体的经济影响，本书在完全免费、完全有偿分配以及混合分配三种配额分配机制下分别进行仿真分析。利用 Matlab，基于八行业 2015—2030 年碳交易仿真结果，可以从碳减排效果、实现达标排放的经济支出以及单位碳减排成本三个方面对碳排放权的政策效果进行评估。

6.4.1 碳减排效果分析

不同配额方案下，2015—2020 年的八部门碳排放量的总体情况见表 6-3。由表 6-3 可知，在基于总量控制的达标排放机制下，通过 CO_2 排放配额控制的碳排放权交易机制的约束作用，我国 CO_2 排放总量将显著下降。比较不同的配额分配方案可以看出，在高速减排方案下，碳排放总量由 2015 年的 10.0966 亿吨下降到 2020 年的 10.0484 亿吨，同期中速、低速方案分别下降到 10.1498 亿吨、10.2106 亿吨。三种方案下的 CO_2 排放总量均有所降低，下降总量分别为 0.0482 亿吨、0.0488 亿吨、0.039 亿吨。从下降幅度来看，三种配额分配方式带来的 CO_2 排放总量的下降幅度分别为 0.4774%、0.4785% 以及 0.3805%，均不到 1%。此外，从年均下降速度来看，低速方案的下降速度相对较低，不到 0.1%，而同期高速、中速方案的下降速度均达到了 0.1%。总体而言，低速方案下的碳排放总量的减少量比较少。不过，比较高速方案和中速方案可以看出，中速方案的减少量要大于高速方案，这表明通过配额的不断减少来迫使碳排放主体减少碳排放，进而控制碳减排的速度具备一个有效区间，当超过这一个区间阈值的时候，过快的配额降低速度将失去对碳排放主体的减排作用。

表 6-3 不同配额分配方案下的碳排放效果

方案	碳排放量（亿吨）						下降总量（亿吨）	下降幅度	年均下降
	2015 年	2016 年	2017 年	2018 年	2019 年	2020 年			
方案一（免费）	10.2496	10.2416	10.2327	10.2275	10.2168	10.2106	0.0390	0.3805%	0.08%

方案	碳排放量（亿吨）						下降总量（亿吨）	下降幅度	年均下降
	2015 年	2016 年	2017 年	2018 年	2019 年	2020 年			
方案二（付费）	10. 2496	10. 2416	10. 2327	10. 2275	10. 2168	10. 2106	0. 0390	0. 3805%	0. 08%
方案三（高速）	10. 0966	10. 0887	10. 0801	10. 0703	10. 0598	10. 0484	0. 0482	0. 4774%	0. 10%
方案四（中速）	10. 1986	10. 1906	10. 1818	10. 1720	10. 1613	10. 1498	0. 0488	0. 4785%	0. 10%
方案五（低速）	10. 2496	10. 2416	10. 2327	10. 2275	10. 2168	10. 2106	0. 0390	0. 3805%	0. 08%

此外，进一步分行业来看，可以得到不同配额分配方案下，不同行业的碳排放效果的描述性统计分析如表 6 - 4。

表 6 - 4　不同行业在不同配额分配方案下的碳排放效果

方案	统计值	部门一	部门二	部门三	部门四	部门五	部门六	部门七	部门八
方案一	下降总量（亿吨）	3. 518	1. 005	3. 417	3. 417	5. 427	3. 618	13. 266	5. 327
	下降幅度	4. 23%	0. 16%	0. 06%	0. 10%	12. 92%	0. 65%	21. 46%	3. 90%
	年均下降量（亿吨）	0. 704	0. 201	0. 683	0. 683	1. 085	0. 724	2. 653	1. 065
	年均下降速度	0. 87%	0. 03%	0. 01%	0. 02%	2. 81%	0. 13%	4. 95%	0. 80%
方案二	下降总量（亿吨）	3. 5	1	3. 3	3. 4	5. 4	3. 5	23. 4	5. 3
	下降幅度	4. 23%	0. 16%	0. 06%	0. 10%	12. 92%	0. 63%	38. 05%	3. 90%
	年均下降量（亿吨）	0. 7	0. 2	0. 66	0. 68	1. 08	0. 7	4. 68	1. 06
	年均下降速度	0. 87%	0. 03%	0. 01%	0. 02%	2. 81%	0. 13%	10. 05%	0. 80%
方案三	下降总量（亿吨）	3. 465	0. 99	3. 267	3. 366	5. 247	3. 465	23. 166	5. 247
	下降幅度	4. 23%	0. 16%	0. 06%	0. 10%	12. 68%	0. 63%	38. 05%	3. 90%
	年均下降量（亿吨）	0. 693	0. 198	0. 6534	0. 6732	1. 0494	0. 693	4. 6332	1. 0494
	年均下降速度	0. 87%	0. 03%	0. 01%	0. 02%	2. 75%	0. 13%	10. 05%	0. 80%

由表 6 - 4 可知：从 CO_2 的减少总量来看，三种方案中，部门七的 CO_2 减

排量最为明显。在方案一情境下，部门七 2015—2020 年的累计减排总量达到 13.266 亿吨，紧随其后的分别是部门五和部门八，两部门的累计减排总量分别为 5.427 亿吨和 5.327 亿吨。此外，这三个部门的年均下降幅度也最为明显。在方案一情境下的年均下降量分别为 2.653 亿吨、1.085 亿吨和 1.065 亿吨。相对而言，部门二的 CO_2 减排总量在所有部门中最少。在方案一情境下，该部门 2015—2020 年的累计减排量仅为 1.005 亿吨，年均减排量为 0.201 亿吨；而部门一、部门三、部门四、部门六这四个部门的减排总量与年均下降量相差都不大。

从 CO_2 排放量的下降幅度来看，三种方案中，部门七和部门五的下降幅度最为明显。在方案一情境下，两个部门的累计下降幅度分别达到 21.46%、12.92%。相较而言，部门八的绝对减少量虽然与部门五差不多，但部门八的累计下降幅度仅为 3.9%，远远低于部门五。部门一的绝对减排量虽然较少，但相对减排幅度则高于部门八，达到 4.23%。在所有部门中，部门三的下降幅度最小，其 2015—2020 年累计减排量仅占总排放量的 0.06%。

6.4.2 经济影响分析

根据式（6-5）和式（6-6）可以得到不同配额分配机制下的碳减排经济支出，结果如图 6-3 所示。从整体上来看，随着碳排放配额的逐年下降，CO_2 排放主体要实现达标排放的经济支出也将越来越高。具体来看，完全付费获取碳排放权的配额分配制度（方案二）情境下的经济付出最大，2015—2020 年的年均付出为 2.34 万亿元，远远高于混合分配机制及免费分配机制下的减排支出。而免费分配机制下全社会的碳减排经济支出最少，年均支出仅为 0.19 万亿元。此外，该配额分配机制下，全社会整体的碳减排经济支出在后期呈下降态势，2020 年的减排成本比 2015 年低 0.72%。比较混合分配机制下的三种方案可以看出，整体来看，随着减排强度的加大，所需付出的经济成本也越高。其中，高速方案的年均支出达 1.366 万亿元，而低速方案的支出仅为 0.339 万亿元。不过，从经济支出的年均增长速度来看，中速方案的年均增长速度要高于高速方案和低速方案，而低速方案的年均增长速度则仍然在三者中为最低。这再次表明，控制碳减排的下降速度存在一个有效区间，有必要通过对排放额度的控制，实现经济效果较优的减排。

　　此外，需要注意的是，尽管免费的配额分配制度下各个排放主体不需要付出经济成本即可获取排放配额，但相对宽松的配额分配制度也将导致各个排放主体在技改投入方面的动力不足，使得能够通过技改投入降低碳排放并通过出售碳配额获取经济利润的排放主体也忽略了对技术改造的投入，从而导致整个社会的碳减排经济支出的增加，无法实现经济效果最优的碳减排。

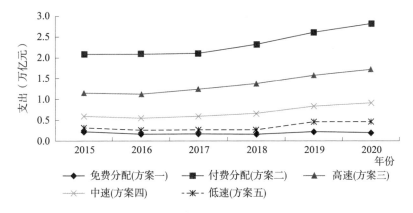

图 6 - 3　不同配额分配机制下实现碳减排的经济支出

　　进一步分行业来看，可以得到不同配额分配方案下，不同行业的碳排放效果的描述性统计分析如表 6 - 5 所示。

表 6 - 5　不同行业在不同配额分配方案下的减排支出

方案	统计值	部门一	部门二	部门三	部门四	部门五	部门六	部门七	部门八
方案一（免费）	支出总额（亿元）	35.1	56.2	449.2	310.8	46.6	73.0	114.2	54.3
	年均支出（亿元）	5.8	9.4	74.9	51.8	7.8	12.2	19.0	9.0
	增长幅度	77.75%	0.65%	-7.97%	-13.47%	96.68%	18.30%	-100.00%	70.12%
	年均增速	12.19%	0.13%	-1.65%	-2.85%	14.49%	3.42%	-100.00%	11.21%
方案二（收费）	支出总额（亿元）	139.2	828.1	7102.1	4688.2	98.2	771.4	187.2	225.0
	年均支出（亿元）	23.2	138.0	1183.7	781.4	16.4	128.6	31.2	37.5
	增长幅度	45.00%	36.56%	36.39%	36.48%	55.88%	37.75%	-62.68%	44.75%
	年均增速	7.71%	6.43%	6.40%	6.42%	9.28%	6.62%	-17.89%	7.68%

方案	统计值	部门一	部门二	部门三	部门四	部门五	部门六	部门七	部门八
方案三（低速）	支出总额（亿元）	42.2	109.8	911.2	614.7	50.0	121.3	119	66.1
	年均支出（亿元）	7.0	18.3	151.9	102.5	8.3	20.2	19.8	11.0
	增长幅度	90.74%	61.59%	57.23%	49.59%	100.0%	64.61%	−94.54%	85.06%
	年均增速	13.79%	10.07%	9.47%	8.39%	14.87%	10.48%	−44.09%	13.10%
方案四（中速）	支出总额（亿元）	58.5	231	1956.4	1302.1	58.0	231	209.9	92.8
	年均支出（亿元）	9.8	38.5	326.1	217.0	9.7	38.5	35.0	15.5
	增长幅度	75.32%	53.94%	52.04%	49.24%	87.67%	56.10%	96.09%	71.77%
	年均增速	11.88%	9.01%	8.74%	8.34%	13.42%	9.31%	14.42%	11.43%
方案五（高速）	支出总额（亿元）	91.2	473.8	4049.6	2679.7	74.2	450.6	232.1	146.3
	年均支出（亿元）	15.2	79.0	674.9	446.6	12.4	75.1	38.7	24.4
	增长幅度	60.98%	49.02%	48.47%	47.59%	73.96%	50.48%	84.88%	60.61%
	年均增速	9.99%	8.31%	8.23%	8.10%	11.71%	8.52%	13.08%	9.94%

从整体来看，随着减排强度的加大，所有行业的减排支出也在不断上升，而且呈加速上升态势。其中，受行业碳排放量较大的影响，部门三所需减排的碳排放量绝对值也最大，由此导致该行业的支出总额也最大。不过比较不同配额方案下各个行业每年的减排支出增长幅度来看，低速减排方案下 2015—2020 年的碳减排增长幅度最大，而随着配额下降强度的增大，各个行业减排成本的增长幅度有所下降。原因在于高速减排方案下，各个减排主体为实现达标排放需要在前期就进行技术改造，而技术改造带来的碳减排效果则可以减少排放主体后期进行的碳减排投入。同时，这一条结论也可以从各个行业碳减排支出的年均增长速度看出，随着减排强度的加大，减排成本的年均增速在不断降低。

从支出总额来看，在任何减排方案情境下，部门三和部门四的支出总额最大。在免费配额分配情境下，两部门的 2015—2020 年累计减排支出额度分别为 449.2 亿元、310.8 亿元，而如果考虑配额需要通过购买获得（方案三），两个部门的减排支出则进一步上升为 911.2 亿元、614.7 亿元。相较而言，部门一、部门五的减排支出绝对额较小。部门七的碳减排经济支出表现出一定的差异性。在低速减排方案下，随着时间的推移，部门七的年度减排支出将下降，这表明：此时，部门七仅需要极少的技术投入与配额交易就可以实现达标排放。其原因在于部门七通过单位技术改造实现碳减排的效果相对最优，在初期通过极少的技术改造投入就能带来较大的碳减排红利。这进一步证明了在推进碳减排的过程中，需要着重考虑行业特征，针对不同行业的减排成本制定有针对性的配额安排及减排目标要求，由此来实现全社会减排成本的最小化。

从减排支出的增长幅度来看，在付费获取配额的情境下（除免费外的其余四类情境），除部门七的碳减排支出幅度在下降之外，所有部门的减排支出幅度均处于上升状态。在免费获取配额的情境方案下，部门七、部门三、部门四的碳减排配额支出幅度均处于下降状态。此时，部门五在 2015—2020 年的碳减排增长幅度最大，达到 96.68%，紧随其后的分别是部门一和部门八，二者的增长幅度分别为 77.75% 和 70.12%。

总体来看，在付费获得碳配额的情境下，所有部门的碳减排支出幅度都有大幅提升。其原因在于付费获取配额的方式给企业造成了一定的减排负担，额外增加了企业的运营成本，这在推进碳交易过程中需要引起政策制定者的重视。

6.4.3　单位碳减排成本分析

由上述分析可以得到不同配额分配制度及减排要求下的碳减排量及其相应的碳减排经济支出，由此可以进一步得到这些不同制度设计下的年单位碳减排成本在样本期 2015—2020 年的描述性分析（如表 6-6）。

表 6−6　2015—2020 年的年单位碳减排成本描述性统计分析

单位：元/吨 CO_2

方案	统计值	部门一	部门二	部门三	部门四	部门五	部门六	部门七	部门八	总体
方案一 （免费）	平均	71.892	15.301	14.183	14.899	199.492	21.976	353.305	67.618	18.560
	增速	13.17%	0.16%	−1.63%	−2.83%	17.70%	3.55%	−100.00%	12.10%	−2.06%
	标准差	20.297	2.187	2.172	2.681	69.813	3.736	322.021	18.441	2.796
方案二 （收费）	平均	28.513	22.555	22.426	22.474	41.890	23.239	58.101	28.003	22.877
	增速	8.65%	6.47%	6.42%	6.44%	12.35%	6.75%	−13.83%	8.54%	6.29%
	标准差	5.073	3.089	3.054	3.069	10.324	3.311	32.418	4.939	3.091
方案三 （低速）	平均	8.660	2.991	2.877	2.947	21.432	3.655	36.880	8.240	3.315
	增速	14.77%	10.11%	9.49%	8.41%	18.09%	10.63%	−41.32%	14.00%	7.98%
	标准差	2.795	0.917	0.880	0.887	7.733	1.105	32.368	2.609	0.950
方案四 （中速）	平均	12.057	6.324	6.209	6.273	24.954	6.995	74.267	11.620	6.782
	增速	12.85%	9.05%	8.75%	8.36%	16.60%	9.45%	25.92%	12.32%	9.20%
	标准差	3.265	1.352	1.306	1.306	8.244	1.547	35.476	3.085	1.478
方案五 （高速）	平均	18.976	13.101	12.981	13.041	32.173	13.781	82.559	18.494	13.566
	增速	10.94%	8.34%	8.24%	8.12%	14.78%	8.65%	24.44%	10.82%	8.52%
	标准差	4.238	2.286	2.245	2.247	9.316	2.496	37.171	4.074	2.425

从全社会整体的单位碳减排成本来看，不管碳减排强度如何，混合分配制度下单位碳减排成本远远小于完全免费（方案一）及完全付费（方案二）分配制度下的单位碳减排成本。综合比较方案一和方案二，两方案下的碳排放总量一致，方案二下的单位碳减排成本大于方案一的原因在于额外的配额购买支出。与方案五相比，方案一的碳排放总量与方案五相同，但排放主体的经济支出远远高于方案五，由此也导致了方案一的单位碳减排成本远远高于方案五。比较方案一、方案二、方案五可知，方案五的单位碳排放成本的年均增长速度最大，达到8.52%，明显高于方案一和方案二。这表明，排放主体实现达标排放的技改成本支出及配额购买支出增长的速度更快。比较方案三、方案四、方案五来看，随着配额下降强度的不断上升，单位碳排放的成本也在迅速上升，因此，有必要通过合适的配额制度设计对单位碳排放的成本进行控制，避免对排放主体造成过大的经济影响。总体来看，低速减排方案下各个排放主体的单位碳减排成本最小。

从单位碳减排成本来看，在同一减排方案的情境下，部门七和部门五的减排成本最大。以方案三为例，部门七、部门五的平均减排成本分别为 36.88 元/吨 CO_2 和 21.432 元/吨 CO_2，远远高于总体的碳减排成本 3.315 元/吨 CO_2。紧随其后的分别是部门一和部门八，两部门的减排成本分别为 8.66 元/吨 CO_2、8.24 元/吨 CO_2。相较而言，部门三、部门四、部门二的单位碳减排成本最小，分别为 2.877 元/吨 CO_2、2.947 元/吨 CO_2 和 2.991 元/吨 CO_2，均小于整体的平均碳减排成本。

从单位碳减排成本在 2015—2020 年的增长速度来看，在方案一情境下，整体的单位碳减排成本在样本期内将下降，下降幅度为 2.06%。相应地，部门七、部门四和部门三的减排成本也会下滑，其中，部门七的单位减排成本下降幅度最大。在其他四个方案中，整体的单位碳减排成本在样本期内均会上升，且上升的幅度随着减排强度的加大而加大。同样地，部门七和部门五是单位碳减排成本增速最高的部门。

从样本期内单位碳减排成本的波动性来看（标准差），部门七在不同时间的单位碳减排成本波动性较大，该行业在不同方案下的标准差值均是最大值。此外，随着减排强度的加大，部门二、部门三和部门四的单位碳减排成本呈加速上升状态，相较而言，部门一、部门五、部门八的单位碳减排成本受减排强度变化的影响相对较小。这进一步验证了需要根据行业的特征做出有针对性的碳减排方案部署与安排。

6.5　本章小结

基于总量控制下的碳排放权配额交易制度是激励 CO_2 排放主体积极推进碳减排的重要环境政策工具。本节运用基于 Multi – Agent System（MAS）的建模工具，将每个碳排放主体视为一个 Agent，通过设定碳排放主体的属性和行为，在不同的配额分配机制下以行业为对象，对我国碳排放权交易的碳减排政策效果及其对行业的经济影响进行模拟分析的结果表明：在零交易成本的假设下，排污权交易政策能够有效降低 CO_2 排放量。而基于不同配额分配机制的比较研究表明，配额机制能有效推动排放主体实现达标排放。不过，综合控制碳排放效果及其相应的减排成本来看，混合分配机制下低速配额递减方案的单位碳排放成本最小，能够在实现达标排放的基础上，实现碳排放约束对经济影响的最小化。不过，配额变化的强度具备一个区间阈值，过快的配额降低速度将失去对碳排放主体的碳减排作用。考虑到我国控制碳排放以及发展经济的双重任务，有必要采用混合分配的碳配额分配机制，而且在初期免费分配的比例应当高于排放主体需要购买的比例。

第7章 碳税与碳交易的效果差异及政策启示

上文以我国八个经济部门为例，分别讨论了碳税与碳交易政策的碳减排效果及其对经济发展造成的影响。本章以上文的研究结论为基础，进一步对两种政策工具的效果进行对比分析，并归纳总结两种政策工具的适用特征，并由此得到利用碳税或碳排放权交易机制推进我国碳减排及发展低碳经济的政策启示，为后文相关政策建议的提出奠定基础。

7.1 政策效果比较及其适用特征

本书旨在从碳减排效果、碳减排成本以及对经济发展的影响三个方面对碳税与碳交易的政策效果进行比较分析，并得到两类政策工具的适用特征。

7.1.1 碳减排效果比较

从碳减排效果来看，碳税与碳交易制度下各行业的 CO_2 排放量将显著下降，而且随着碳税税率水平（碳交易配额强度）的提高，CO_2 下降的总量也将进一步扩大。

碳税和碳交易通过对 CO_2 的排放行为赋予一定的成本，能够有效约束排放主体的排放行为，避免 CO_2 过量排放。不过，在碳税情境下，高税负水平能够加快 CO_2 下降的速度；而在碳交易情境下，配额的下降速度存在一个有效区间，过快的配额降低速度不一定能实现 CO_2 排放总量的下降。从碳排放减少绝对量来看，碳税政策要明显优于碳排放交易政策，其原因主要在于两种方案下的激励机制存在差异。碳税机制下，排放主体的碳排放直接影响到其经济利润，因为只要涉及生产，就必然会导致碳排放，也就必然会影响其经济利润，因此，从节省生产成本的角度而言，排放主体有强烈的动机控制碳排放。而在碳排放机制下，排放主体的目标是实现达标排放，因此，在配额允许的条件下，排放主体的排放行为本身不会对其生产经营行为带来影响，这使得排放主体在控制碳排放的动机上相对于碳税机制而言较低。此外，在碳交易机制下，部分行业将成为碳排放配额的供给方，可以通过配额的交易获取额外的利润；而在碳税机制下，所有的行业都将因为征收碳税而导致经济利润受损，这也导致各个排放主体在两种方案下存在不同的减排动机。

分部门来看，碳税与碳交易对不同经济部门的影响存在明显的差异。征收碳税对部门二、部门一以及部门三的 CO_2 减排率以及碳排放强度的影响最大，对部门四、部门八的影响相对较小。碳交易制度则使得部门七、部门五、部门八的减排总量及减排速度受影响最大，部门二的 CO_2 减排总量最少，部门三的 CO_2 下降幅度最小。在碳税机制下，减排效果与该部门的绝对排放量密切相关，而在碳交易机制下，减排效果更多地与该部门的减排成本相关。碳税机制下，碳排放即意味着成本，因此，只要存在碳排放，该经济部门就存在动机降低碳排放；相应地，碳排放量越大，降低碳排放的动机也越强烈。而在碳交易机制下，所有的排放主体均存在一定的排放配额，实现达标排放后多余的配额可以通过市场交易来获取经济利润；因此，减排成本低的部门存在一定的动机降低碳排放，并通过出售剩余的碳配额来获取收益。碳税与碳交易机制在减排效果方面影响的差异表明，在制定碳减排政策的过程中，需要考虑到行业减排的差异性，在差异化或统一的政策框架下，针对特定的行业出台相应的辅助与支持政策，具体减排量效果比较见表 7 - 1。

表 7 - 1　碳税政策与碳交易政策的减排量效果比较

效果	碳税	碳交易
整体表现	全国 CO_2 排放总量的减少量、减排率在逐年上升。 高税率水平有利于快速降低 CO_2 排放水平，将推动单位 GDP 碳排放强度降低	在排放配额的约束下，我国 CO_2 排放总量将显著下降。总体而言，低速方案下的碳排放总量的减少量比较少。不过，中速方案的减少量要大于高速方案，这表明配额的下降速度具备一个有效区间

效果	碳税	碳交易
影响最大部门	综合减排率水平以及碳排放强度降低水平来看，征收碳税对部门二、部门一以及部门三的影响最大	部门七的 CO_2 减排量最为明显。紧随其后的分别是部门五和部门八，这三个部门的年均下降幅度也最为明显。部门七、部门五的下降幅度最为明显
影响最小部门	部门四、部门八的影响相对较小，两部门减排水平及碳排放强度水平均低于全国平均水平	部门二的 CO_2 减排总量在所有部门中最少。在所有部门中，部门三的下降幅度最小

7.1.2　碳减排成本比较

从减排成本来看，碳税与免费配额分配下的碳交易制度的整体单位减排成本在样本期内都呈下降态势。不过，随着税率水平（配额下降强度）的提高，单位碳减排成本将有所上升，且呈加速上升态势。分行业来看，碳税和碳交易对各个行业的单位减排成本的影响也比较一致，部门七、部门五、部门八、部门一的单位减排成本均高于其他行业，也高于整体的单位减排成本，部门四、部门三、部门二的单位碳减排成本则相对较小。不过，在碳交易制度下，减排强度的变化对部门一、部门五、部门八的单位碳减排成本的影响相对较小。

依托碳税或碳交易实现 CO_2 减排的成本包括两个方面：一是制度实施的外部成本，即交易成本；二是排放主体实现达标排放的内生成本，即上文所谈及的单位减排成本。在碳税与碳交易差不多的单位碳减排成本的条件下，拥有较低交易成本的碳税政策相较于碳交易而言具有一定的优势。首先，虽然碳税本身的设定需要涉及一个国家或地区整体税制的设计安排，但碳税仍然可以依靠现有的税制及行政管理体系进行征收，如国家税务总局征收、环境保护部核算等。其次，碳税虽然是针对 CO_2 的排放行为进行征税，但实际上，因为监测方面的困难，对 CO_2 排放量的核算也需要通过煤炭、天然气等能源的最终消费来倒推。因此，为了降低交易成本，可以将能源生产消费链的上游（upstream）厂商作为征收对象，无须对下游排放源的排放量进行监测、登录、查核等程序，因此管制行政成本较低。最后，以法律形式确定的碳税相较而言具有更为透明的执法程序，能够避免一定投机、腐败行为。不过，给各个企业额外增加碳税这一生产成本，必将引起企业的反对，这也需要政府做好沟通与协调。相对碳税机制而言，碳交易机制的交易成本更高。一方面，在总量规模确定的情况下，配额的分配难以决策。按历史排放量进行分配不符合经济发展的要求，按经济贡献进行分配又无法突出 CO_2 减排的重要意义；在分配方式上，免费分配能够吸引更多的碳交易参与者，但极有可能造成市场无效，通过拍卖机制来分配更能体现市场的特征，但可能的高价也将给企业造成额外的负担。另一方面，碳交易机制的有效运行涉及事前的排放量监测、交易申报与追踪、查核等，到分配、交易、储存、借贷，以及后续的市场监督，增加了行政管理的复杂性，进一步推高了交易成本，对经济运行效率造成损害。而且，这一系列的行政管理行为因为都涉及政府部门的参与，也极易导致道德风险，对市场运行效率造成损害。

表 7 - 2　碳税政策与碳交易政策的减排成本比较

比较项	碳税	碳交易
整体表现	CO_2 减排成本自 2015 年开始到 2019 年呈持续下降态势，然而 2020 年又有所增加。高税率的碳税征收将进一步推高碳减排成本，且呈加速上升态势	随着配额下降强度的不断上升，单位碳排放的成本也在迅速上升。免费情境下，整体的单位碳减排成本在样本期内将下降。在其他四个方案中，整体的单位碳减排成本在样本期内均会上升，且上升的幅度随着减排强度的加大而加大
影响最大部门	部门八、部门七、部门一以及部门五的碳减排成本远远高于平均水平	部门七和部门五的减排成本最大，紧随其后的是部门一、部门八； 部门七、部门四、部门三的减排成本也会下滑，其中，部门七下降幅度最大； 在其他四个方案中，部门七、部门五是成本增速最高的部门
影响最小部门	CO_2 减排成本最低的部门为部门四	部门三、部门四、部门二的单位碳减排成本最小，均小于整体的平均碳减排成本。随着减排强度的加大，部门二、部门三、部门四的单位碳减排成本呈加速上升状态，而部门一、部门五、部门八的单位碳减排成本受减排强度变化的影响相对较小

7.1.3　对经济的影响

从经济与社会效益来看，征收碳税对经济总量的影响整体呈下降态势，且税率水平越高，GDP 的绝对损失量也越高，但损失量的增加率逐步降低。而在碳交易机制下，随着碳排放配额的逐年下降，实现达标排放所需要的经济支出呈线性增长的态势，且随着减排强度的加大，所有行业的减排支出也在不断上升，而且呈加速上升态势。分行业来看，征收碳税对部门四、部门六、部门二的影响最大，对部门三、部门八的影响最小。而在碳交易情境下，部门三、部门四的减排支出总额最大，部门一、部门五的减排支出绝对额则较小。碳税与碳交易情境下的经济影响存在较大差异的主要原因在于，碳税机制下，综合考虑了碳税的征收对排放主体生产经营行为的影响，考虑的是对经济部门 GDP 产出的影响，该影响数值既包括了达标排放所付出的直接成本，也包括相应付出的机会成本。而在碳交易情境下，对经济的影响仅考虑了实现达标排放所需要的成本，即直接成本，而忽略了对间接成本的考虑。

此外，碳税能够给政府创造长期稳定的财政收入，而且因为财政收入中性原则，在开征碳税的同时，可以通过碳税的收入来降低其他税种的税负，从而保持宏观税负水平不变。这样既体现了碳税在约束碳排放方面的作用，也能够通过税收结构的调整来降低征税的成本负担，实现了碳税"双重红利"的效果，进而减少税制改革的阻力，有利于碳税的实施。而就碳交易机制而言，虽然拍卖机制下的碳配额分配方法也能给政府带来一定的财政收入，但从国内外碳交易市场开展的实际情况来看，当前碳配额的分配更多的是免费发放，如欧盟第一阶段（2005—2007 年）至少 95% 额度为免费，第二阶段（2008—2012 年）至少 90% 额度为免费，第三阶段（2013—2020 年）的免费配额分配比例也高达 60%。从环境经济学的角度来看，此举是将属于全民的环境财产分配给特定的排放源，实际上是一种补贴行为，不符合经济效率原则与公平正义原则。这两种政策对宏观经济的影响见表 7 - 3。

表 7 - 3 碳税政策与碳交易政策对宏观经济的影响

影响	碳税	碳交易
整体表现	征收碳税对经济总量的影响呈先上升再下降、其后又上升的过程，整体呈下降态势。 税率水平越高，GDP 的绝对损失量也越高，但损失量的增加率逐步降低	随着减排强度的加大，所有行业的减排支出也在不断上升，而且呈加速上升态势。 随着碳排放配额的逐年下降，CO_2 排放主体要实现达标排放的经济支出也将越来越高
影响最大部门	部门四（电力、煤气及水的生产和供应业）、部门六（交通运输、仓储和邮政业）和部门二（采掘业）	部门三和部门四的支出总额最大
影响最小部门	部门三（制造业）和部门八（其他行业）	部门一、部门五的减排支出绝对额较小

7.2 政策启示

综上可以看出，碳税和碳交易均能通过对 CO_2 定价来释放 CO_2 排放的价格（成本）信息，并以此形成对 CO_2 排放主体排放行为的约束，进而实现对碳排放的有效控制。然而，合适的税率设计及恰当的配额强度变化安排，将会对碳税与碳交易政策的效果产生重要影响。碳税作为一项刚性成本支出，较低的税率设计有利于降低排放主体的成本。而对碳交易情境的模拟分析也表明，在考虑边际减排效果和减排成本的条件下，碳排放配额的下降速度存在一个有效区间，过快的配额降低速度不一定能实现最优的 CO_2 减排。而且，不同税率水平的碳税方案的比较分析，以及不同制度设计下的碳交易政策的比较分析均表明，出于维持经济发展以及控制减排成本的需要，较低的碳税税率水平设置和免费的配额分配制度下的低强度的减排要求是实现政策效果最优的基础条件。

此外，考虑到不同行业在能源结构、消费模式、发展阶段、技术水平等方面的差异，对不同的政策工具及其制度安排对各个行业经济发展的影响，以及这些行业实现达标排放所付出的单位减排成本进行综合考虑也非常有必要。上文的研究也表明，因为运作机理的不同，不同的政策手段将对各个排放主体的减排动机产生一定影响，而不同排放主体在减排能力方面的差异，将进一步使得不同的政策对不同行业的政策效果存在明显的差异。具体来看，在碳税机制下，减排效果与各个行业的绝对排放量密切相关，而碳交易机制下的减排效果则更多地与该行业的减排成本相关。这也导致了碳排放量最多的部门（部门三、部门四）与通过技改实现碳减排的单位减排成本最高的部门（部门七）在碳税和碳交易政策情境下呈现截然不同的减排表现。这表明不管是实施碳税，还是碳交易的政策手段，在制定碳减排政策的过程中，都需要考虑到不同行业的差异化特征。如果针对不同行业采取差异化的政策工具，则需要考虑到政策实施的公平性，避免导致经济发展结构的偏离；而如果针对不同行业采取统一的政策框架，则需要针对特定的行业出台相应的辅助或支持政策，避免对单一行业的发展造成较大程度的波动。

最后，在政策的实施过程中，反映碳排放成本的价格信号作用也非常关键。由国外运行的经验以及上文的仿真结果可知，碳交易所反映的碳交易价格随市场的波动性极为明显，波动非常大：一方面使得 CO_2 排放主体难以通过对价格的预测来调整自己的生产与排放行为，给企业的生产行为带来影响；另一方面过低的碳价则丧失了碳交易对企业的经济激励作用，这可能使得碳交易失去了价格信号的作用。同时，虽然碳税机制的税率一般较为固定，能够给企业提供明确的价格信号，企业能够根据确切的价格信号更为灵活地调整生产行为，不过，碳税机制下最大的问题在于最优税率难以确定。在非最优税率条件下，征收碳税对企业的正常生产造成的影响极有可能大于企业的碳减排收益，进而对经济造成损害。

7.3　本章小结

本章比较分析了碳税及碳交易政策在碳减排效果、碳减排成本及其对经济发展的影响，并根据两大政策工具的适用性得到了运用两大政策工具的一些政策启示，具体包括以下两点：

（1）碳税与碳交易政策工具的减排效果明显，两类政策工具是对碳减排治理机制的重要补充。通过引进碳税或碳交易政策，一方面可以发挥政策的价格信号的指导作用，对市场进行有效调节，降低环境保护与资源节约的社会总成本；另一方面，通过政策提供的激励作用，为企业因污染废弃物排放、资源利用带来的额外成本提供一种补贴，在更大范围激发社会公众的参与性的同时，降低对企业生产经营行为造成的影响，激发低碳经济发展的动力。然而，这就需要设置合适的税率及恰当的配额强度分配机制，避免两类政策工具对经济发展造成过大的影响。

（2）两类政策工具的减排效果及其对经济的影响存在差异，政策工具选择及其制度安排需要综合考虑不同地区的产业结构、能源结构以及减排需求的差异。从碳排放减少绝对量来看，碳税政策要明显优于碳排放交易政策，其原因在于激励机制的差异。从不同经济部门来看，征收碳税对部门二、部门一以及部门三的 CO_2 减排率以及碳排放强度的影响最大，对部门四、部门八的影响相对较小。碳交易制度则使得部门七、部门五、部门八的减排总量及减排速度影响最大，部门二的 CO_2 减排总量最少，部门三的 CO_2 下降幅度最小。其原因主要在于：在碳税机制下，减排效果与各个行业的绝对排放量密切相关，而碳交易机制下的减排效果则更多地与该行业的减排成本相关。从对经济的影响来看，征收碳税在初期会对经济总量造成较大的影响，但影响程度呈下降态势；而在碳交易机制下，相对宽松的总量控制方案以及配额分配机制，在初期对经济的影响比较小，而在后期随着减排强度的加大，对经济的影响将更为明显。

第8章 基于低碳经济发展现状的碳减排政策选择——以武汉市为例

上文结合我国碳排放的现状与特征，分析了碳税和碳排放权交易政策的碳减排效果及其对经济发展的影响。由上文的分析可以发现，不同地区因经济现状、产业基础及能源结构的差异，所面临的碳排放特征也有所不同，而碳税与碳交易的政策效果对不同的产业有着差别化的影响。低碳经济发展的目标在于实现经济社会发展与碳减排目标之间的均衡，需要经济、资源、环境、社会等各个子系统之间实现协调发展。因此，促进碳减排、发展低碳经济的具体政策选择的基础和依据在于充分考虑政策实施地的经济社会发展现状。本章首先构建低碳经济发展现状的评估指标体系，并提出基于标杆管理的评估方法，对低碳经济发展现状进行评估，最后以低碳经济试点城市武汉市为例，在评估武汉市低碳经济发展现状的基础上，对武汉市碳减排政策工具的选择进行了初步的探讨。

8.1 低碳经济建设评估指标体系

8.1.1 评估原则与依据

低碳经济建设成效评估指标体系的构建应遵循三个原则：①科学客观。一方面能科学、客观并全面地反映低碳经济的发展状况，另一方面能准确揭示低碳经济建设中存在的问题，推断问题存在的环节；②过程指标和状态指标相结合。状态指标静态反映低碳经济建设的直接成果，过程指标则动态表明了低碳经济建设的过程，同时还要兼顾发展质量与速度、发展趋势与潜力；③指标体系的简洁性和数据可得性。

8.1.2 指标体系构建

低碳经济是以低碳发展为发展方向、以节能减排为发展方式、以低碳技术为发展方法的经济发展模式。低碳经济是个系统性的概念，涵盖了资源、环境、经济、社会等方面的内容。

根据低碳经济的特征与内涵，在充分借鉴上文文献综述部分学者研究成果的基础上，遵循低碳经济指标评估体系构建的基本原则，将低碳经济发展水平评估系统划分为三个层次。其中，目标层即为低碳经济发展现状，准则层包含经济发展、社会民生、资源再利用（低碳技术支撑水平）、能源与资源消耗、环境质量（碳汇建设）以及减排水平六个部分。其中，经济发展和社会民生均反映了低碳经济发展的经济水平提升和社会民生水平改善等目的，资源再利用水平通过对能源、资源再利用状况的描绘反映了发展低碳经济的技术支撑水平，环境保护质量的提升可以通过对 CO_2 的吸收来实现碳减排，这也反映了发展低碳经济的碳汇水平，而减排水平则反映了低碳经济发展的另外一个目的，即实现碳减排。在指标层的构建方面，经济发展既要考虑经济总量，也要注重具有低碳特征的产业发展情况；社会民生方面既要考虑城镇化的推进，也要重点关注人民收入水平的变动；能源消耗是碳排放的主要来源，因此能源与资源的消耗水平也需要予以关注；碳汇是低碳经济建设的主要内容，碳汇的来源主要就是环境质量的提升，包括绿化、绿地面积扩大等；此外，减排水平，尤其是 CO_2 排放强度更是低碳经济关注的核心目标，鉴于废弃物排放间的关联性，SO_2 等排放指标也作为减排水平的考核指标之一。根据我国当前对排放水平控制的标准，CO_2 主要关注强度指标，而 SO_2 则关注总量指标，因此在指标选择上这二者间存在一定的区别。

据此，结合上文谈到的评估体系框架，构建低碳经济建设成效评估指标体系（如表 8 – 1 所示）。

表 8 - 1 低碳经济建设成效评估指标

序号	二级指标	三级指标
1	经济发展	GDP（亿元）
2		人均 GDP（元）
3		高新技术产业增加值占 GDP 比重（%）
4		第三产业占 GDP 的比重（%）
5		地方财政一般预算收入（万元）
6	社会民生	城镇化率（户籍人口计算）（%）
7		城镇居民家庭人均可支配收入（元）
8		农村居民人均纯收入（元）
9	资源再利用	城市工业用水重复利用率（%）
10		工业固体废物综合利用率（%）
11	能源与资源消耗	单位 GDP 能耗（吨标准煤/万元）
12		万元工业增加值用水量（立方米）
13	环境质量 （碳汇建设）	人均公共绿地面积（平方米）
14		建成区绿化覆盖率（%）
15		空气质量优良率（%）
16	减排水平	城市污水集中处理率（%）
17		城市生活垃圾无害化处理率（%）
18		CO_2 排放量（万吨）
19		SO_2 排放量（万吨）
20		CO_2 排放强度（吨/万元）

8.1.3 影响因素选择

低碳经济建设涉及多个方面，而不同的方面又受到不同因素的影响。首先，投资是驱动我国经济快速发展的核心因素之一，产业经济发展、产业结构调整与升级以及节能减排与资本投入密切相关（Qin et al.，2006）。本书选择固定资产投资以及污染治理投资总额作为投资变量的代理变量。其次，政府的公共财政支出水平对我国经济的发展也非常关键。本书主要选择科技支出以及环境支出两个变量，前者包括政府为刺激、推动科技发展提供的资金支持，后者则包括了环境与资源监测、污染减排、支持新能源及可持续能源研发与利用等方面的资金投入。再次，金融市场的资金作为政府财政投入的重要补充，是引导和促进企业推动产业调整与升级，实施节能减排的有效激励因素之一。从武汉的实际情况来看，银行贷款是金融支持的核心要素。其次，低碳经济的发展离不开技术水平的有效推动。从中国的实际情况来看，技术水平的提高是提升生产率及环境绩效的核心因素（Ang，2009；Fisher，Sue，2008）。因此，研发投入的 GDP 占比以及专利授权量被视为反映技术水平的代理指标。最后，稳定的外部宏观经济环境使得地方政府能够将精力更多地集中于通过制度及基础设施的构建实现可持续发展（Huang et al.，2006），这对于低碳经济的发展也是有利的。对于武汉而言，中国以及湖北省的 GDP 增速水平是最为重要的外部宏观经济水平变量。

综上所述，参考现有的学术研究结果，结合武汉市低碳经济建设现状，以及从现有统计资料中能够收集到的数据，构建武汉市低碳经济建设的影响因素的分析指标，如表 8 - 2 所示。

表 8 - 2   低碳经济建设影响因素指标

序号	指标类别	指标名称
1	投资力度（INV）	固定资产投资（亿元）
2		污染治理投资总额（万元）
3	财政支出（GPE）	科技支出总额（亿元）
4		环境支出总额（亿元）
5	金融支持（FIS）	短期贷款（亿元）
6		中长期贷款（亿元）
7	科技水平（TEA）	R&D 经费占 GDP 比例（%）
8		专利授权量（个）
9	经济环境（EEE）	中国 GDP 增速（%）
10		湖北 GDP 增速（%）[1]

注 1：隶属地（归属地）的 GDP 增速，本书的案例分析为武汉市，故此处为湖北省。

8.2   低碳经济建设评估的方法体系

低碳经济涉及经济社会发展的各个环节，发展低碳经济需要各个子系统间实现较为均衡的发展。在我国，政府通常会在审视和评估区域经济社会发展格局的基础上，针对某个发展主题或主要任务，制定相应的发展规划，以描绘发展蓝图，并提供明确的发展目标。因此，本书将低碳经济的实际发展水平和规划目标水平分别看作一个多维向量，各个向量的每一个维度即反映了低碳经济发展评估指标体系中的单一指标。利用向量夹角的方法来测度发展现状值与规划目标值之间的协调度偏差，然后再通过计算两个向量的欧氏距离来表示实际值与目标值的目标值差距。其中，协调度偏差表明与规划目标相比，低碳经济各个子维度之间发展的协调性，协调度偏差越小，说明各个子维度发展越均衡；目标值差距则表示现状值与目标值之间的数值差异，目标值差距越小，说明现状值越接近目标值。通过协调度偏差和目标值偏差，可以对低碳经济的发展成效进行综合评估。

8.2.1　基于夹角距离的现状测度模型

将衡量低碳经济发展水平的指标体系记为 $X(t) = (x_{1t}, x_{2t}, \cdots, x_{nt})$，规划目标水平记为 $X(0) = (x_{10}, x_{20}, \cdots, x_{n0})$，其中 x_{it} 为第 i 个指标在第 t 年的实际值（$t = 1, 2, 3, \cdots$）。则两个 n 维向量 $X(t)$ 和 $X(0)$ 之间的夹角余弦为：

$$\cos\theta_t = \frac{X(0) \times X(t)}{|X(0)| \times |X(t)|} = \frac{\sum_{i=1}^{n} x_{i0} \times x_{it}}{\sqrt{\sum_{i=1}^{n} x_{i0}^2} \times \sqrt{\sum_{i=1}^{n} x_{it}^2}} \qquad (8-1)$$

$\cos\theta_t$ 在区间范围内单调递减且 $0 \leqslant \cos\theta_t \leqslant 1$。定义协调度偏差 p_t：

$$p_t = 1 - \cos\theta_t \qquad (8-2)$$

p_t 为第 t 年低碳经济的实际发展水平与规划目标水平在协调发展上的差距。p_t 越小，说明与规划目标水平相比，衡量低碳经济发展的各个维度发展的均衡性和协调性更高。

计算向量间的距离 d_t，

$$d_t = \sqrt{\sum_{i=1}^{n} (x_{it} - x_{i0})^2} \qquad (8-3)$$

d_t 为第 t 年的实际发展水平与规划目标水平的目标值偏差。d_t 越小，说明实际发展值与规划目标值越接近。

因此，第 t 年低碳经济的实际发展水平的度量可以用点（p_t，d_t）表示，其中，规划年的规划目标水平（p_0，d_0）=（0，0），即为由协调度偏差和目标值偏差构成的坐标轴上的坐标原点。可以通过点（p_t，d_t）与原点（p_0，d_0）的位置关系来评估低碳经济建设的实际成效，如图 8 - 1 所示。

在图 8 - 1 中，假设二维向量 $\overrightarrow{OA}$ =（a_1，b_1），$\overrightarrow{OB}$ =（a_2，b_2），$\overrightarrow{OC}$ =（a_3，b_3）和 $\overrightarrow{OD}$ =（a_4，b_4）表示不同年份的低碳经济发展现状值，向量 $\overrightarrow{OH}$ =（a_0，b_0）则表示低碳经济发展的目标向量。向量矢量值 a_i 和 b_i（$i=0$，1，2，3，4）表示低碳经济各个指标的实际值，并且假设 $a_3 > a_0 > a_4 > a_2 > a_1$，$b_3 > b_0 > b_1 > b_4 > b_2$。向量 $\overrightarrow{OA}$ 和 $\overrightarrow{OH}$ 之间的距离值及向量夹角分别为 D_1 和 θ_1。向量 $\overrightarrow{OB}$ 和 $\overrightarrow{OH}$ 之间的距离值及向量夹角分别为 D_2 和 θ_2。向量 $\overrightarrow{OC}$ 和 $\overrightarrow{OH}$ 之间的距离值及向量夹角分别为 D_3 和 θ_3。向量 $\overrightarrow{OD}$ 和 $\overrightarrow{OH}$ 之间的距离值及向量夹角分别为 D_4 和 θ_4。图 8 - 1 表明，$D_1 = D_2 = D_3 > D_4$，$\theta_2 = \theta_4 = 0$，θ_1，$\theta_3 > 0$。因此，以低碳经济规划目标值构成的向量 $\overrightarrow{OH}$ 为标杆，向量 $\overrightarrow{OD}$ 的目标值偏差要优于 $\overrightarrow{OB}$（$D_4 < D_2$）。然而，$\overrightarrow{OD}$ 和 $\overrightarrow{OB}$ 之间的协调度偏差相等（$\theta_2 = \theta_4 = 0$），这表明这两个向量各个维度的矢量值 a_i 和 b_i 的变化幅度一致，二者的发展较为协调。

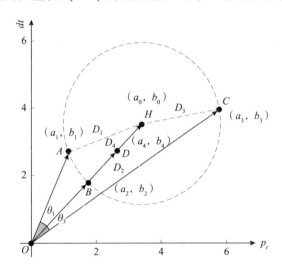

图 8 - 1　协调度偏差（p_t）及目标值偏差（d_t）

此外，从图 8 - 1 中也可以发现，尽管向量 $\overrightarrow{OC}$ 的实际值要好于向量 $\overrightarrow{OA}$（$a_3 > a_1$，$b_3 > b_1$），但两向量与规划目标向量 $\overrightarrow{OH}$ 间的目标值偏差相等（$D_1 =$

D_3）。在这种情况下，为了区分 D_1 和 D_3，本书定义当某向量现状值大于目标值的时候，该向量的目标值偏差直接取 0。此时向量 $\overrightarrow{OC}$ 的目标值偏差为 0，因此向量 $\overrightarrow{OA}$ 的目标值偏差要大于向量 $\overrightarrow{OC}$ [$D_1 > D_3'$ $(D_3) = 0$]，这与两向量间实际值的表现也比较吻合（$a_3 > a_0 > a_1$；$b_3 > b_0 > b_1$）。

因此，低碳经济发展现状及规划目标表现可以清晰地通过由协调度偏差和目标值偏差构成的坐标轴表示出来，而坐标轴的原点即为规划目标表现。通过比较点的位置，可以对低碳经济发展现状进行准确度量。

8.2.2 基于灰色关联度的影响因素分析模型

本书以灰色关联度方法分析武汉市低碳经济发展目标的影响因素。灰色关联分析步骤如下：

（1）确定参考序列和比较序列

参考数据序列是反映系统行为特征的数据序列，用 x_0 来表示：

$$x_0 = x_0(k) = \{x_0(1), x_0(2), \cdots, x_0(n)\} (k = 1, 2, \cdots, n)$$

其中，n 为样本数量。

比较序列是由系统行为的影响因素构成，用 x_i 来表示：

$$x_i = x_i(k) = \{x_i(1), x_i(2), \cdots, x_i(n)\} (k = 1, 2, \cdots, n; i = 1, 2, \cdots, m)$$

其中，m 为比较因素量。

（2）计算关联系数 $\xi_i(k)$

根据邓聚龙教授最初的定义，最常用的关联系数 $\xi_i(k)$ 计算公式为：

$$\xi_i(k) = \frac{\min\limits_{i}\min\limits_{k} |x_0(k) - x_i(k)| + \rho \max\limits_{i}\max\limits_{k} |x_0(k) - x_i(k)|}{|x_0(k) - x_i(k)| + \rho \max\limits_{i}\max\limits_{k} |x_0(k) - x_i(k)|}$$

其中，$\min\limits_{i}\min\limits_{k}|x_0(k) - x_i(k)|$ 为所有指标与参考序列之间差距的最小值；$\max\limits_{i}\max\limits_{k}|x_0(k) - x_i(k)|$ 为所有指标与参考序列之间差距的最大值；ρ 为分辨系数，一般取 $\rho = 0.5$。

（3）计算关联度 γ_i

关联度为关联系数的平均值，即

$$\gamma_i = \sum_{k=1}^{n} \xi_i(k) / n$$

γ_i 越大，则该因素的影响程度越大。

8.3　武汉市低碳经济建设成效及其影响因素评估

2010 年以来武汉市获批全国低碳城市建设试点城市。武汉市是我国的老重工业基地。工业是高碳排放行业，2014 年前三季度，武汉市规模以上工业企业综合能源消费量为 1814.57 万吨标准煤，与上年同期相比增长 11.9%，单位工业增加值能耗同比上升 0.6%，保持高位增长态势。同时，钢铁和石化等高耗能产业是武汉市传统支柱产业，有研究表明，高耗能行业万元产值能耗是一般制造业的七倍。高耗能的工业产业结构给武汉市低碳经济发展带来了严峻的挑战。

本节以低碳经济试点城市——武汉为例，运用所构建的评估模型对武汉市低碳经济建设的现状进行量化评估，检验武汉市低碳经济建设试点工作的进展，并以此为武汉市碳减排政策工具的选择提供基础。

8.3.1　数据来源与实证结果

1. 数据来源

根据低碳经济发展水平的评估指标体系和度量模型，对 2005—2012 年武汉市低碳经济建设的实际成效进行测度。指标数据来源于 2005—2013 年《武汉市统计年鉴》及《湖北省水资源公报》。2015 年目标数据来源包括《武汉市国民经济和社会发展十二五规划》《武汉市建设人民幸福城市规划》《武汉市发展循环经济专项实施方案》《武汉市环境保护"十二五"规划》以及《武汉市低碳城市试点工作实施方案》。

2. 武汉市低碳经济发展成效测度

按照上文计算步骤，通过式（8-1）进行数据的规范化处理，然后分别按照式（8-2）和式（8-3）计算第 t 年武汉市低碳经济建设实际水平与2015 年规划水平的偏离度和距离，得到 2005—2012 年武汉市低碳经济建设数据如表 8-3 所示。

表8－3　2005—2012 年武汉市低碳经济建设成效

建设数据		2005 年	2006 年	2007 年	2008 年	2009 年	2010 年	2011 年	2012 年
低碳经济水平（LCP）	p_t（%）	16.79	14.59	12.21	9.81	8.46	6.66	3.44	2.79
	d_t	4.35	4.13	3.87	3.53	3.29	2.97	2.31	1.81
经济发展（ED）	p_t（%）	23.90	19.99	15.91	11.47	9.28	6.83	1.65	0.75
	d_t	3.52	3.38	3.22	3.00	2.83	2.58	1.98	1.55
社会民生（SW）	p_t（%）	12.64	10.34	7.67	5.07	3.59	2.08	1.09	0.52
	d_t	2.06	1.97	1.85	1.68	1.56	1.38	1.14	0.91
能源与资源消耗（RC）	p_t（%）	3.83	2.12	0.72	0.02	0.01	0.06	0.51	0.28
	d_t	1.06	0.95	0.79	0.55	0.41	0.29	0.19	0.00
资源再利用（RR）	p_t（%）	0.01	0.03	0.00	0.00	0.03	0.03	0.08	0.04
	d_t	0.21	0.19	0.16	0.13	0.10	0.00	0.09	0.09
环境质量（EQ）	p_t（%）	0.05	0.05	0.02	0.00	0.02	0.02	0.02	0.05
	d_t	0.17	0.16	0.16	0.12	0.11	0.17	0.08	0.05
减排水平（PC）	p_t（%）	2.32	1.69	1.05	0.72	0.32	0.37	0.25	0.34
	d	1.05	0.89	0.71	0.57	0.40	0.36	0.28	0.21

3. 武汉市低碳经济建设影响因素

武汉市低碳经济建设影响因素见表8－4。

表 8 - 4　武汉市低碳经济建设成效影响因素分析结果

影响因素			LCP		ED		SW		RC		RR		EQ		PC	
			p_i	d_i	p_i	d_i	p_i	d_i	p_i	d_i	p_i	d_i	p_i	d_i	p_i	d_i
INV	X1		0.652	0.716	0.867	0.641	0.843	0.645	0.844	0.638	0.757	0.757	0.626	0.625	0.722	0.658
	X2		0.846	0.852	0.812	0.856	0.772	0.789	0.840	0.815	0.865	0.809	0.851	0.901	0.679	0.770
	Ave		0.749	0.784	0.839	0.749	0.807	0.717	0.842	0.727	0.811	0.783	0.738	0.763	0.701	0.714
GPE	X3		0.767	0.802	0.792	0.855	0.746	0.653	0.839	0.734	0.868	0.773	0.821	0.825	0.656	0.715
	X4		0.791	0.800	0.795	0.889	0.750	0.673	0.839	0.759	0.866	0.775	0.853	0.815	0.650	0.737
	Ave		0.779	0.801	0.794	0.872	0.748	0.663	0.839	0.746	0.867	0.774	0.837	0.820	0.653	0.726
FIS	X5		0.797	0.811	0.797	0.862	0.754	0.675	0.839	0.741	0.878	0.803	0.829	0.846	0.665	0.713
	X6		0.797	0.754	0.790	0.854	0.745	0.651	0.839	0.769	0.870	0.745	0.841	0.855	0.632	0.721
	Ave		0.797	0.783	0.794	0.858	0.749	0.663	0.839	0.755	0.874	0.774	0.835	0.851	0.648	0.717
TEA	X7		0.843	0.920	0.825	0.889	0.786	0.897	0.841	0.851	0.839	0.820	0.869	0.846	0.686	0.786
	X8		0.631	0.688	0.865	0.618	0.854	0.614	0.845	0.610	0.742	0.727	0.603	0.604	0.732	0.619
	Ave		0.737	0.804	0.845	0.753	0.820	0.755	0.843	0.731	0.790	0.773	0.736	0.725	0.709	0.702
EEE	X9		0.925	0.830	0.808	0.818	0.769	0.750	0.840	0.764	0.860	0.796	0.867	0.935	0.675	0.730
	X10		0.870	0.860	0.815	0.889	0.777	0.803	0.840	0.800	0.866	0.845	0.861	0.861	0.682	0.751
	Ave		0.898	0.845	0.812	0.853	0.773	0.776	0.840	0.782	0.863	0.820	0.864	0.898	0.679	0.740

8.3.2　结果分析与讨论

1. 总体水平分析

根据计算值，构建第 t 年的综合评价值（p_t, d_t）的坐标轴，可以描绘 2005—2012 年武汉市低碳经济发展成效变化，如图 8 - 2 所示。

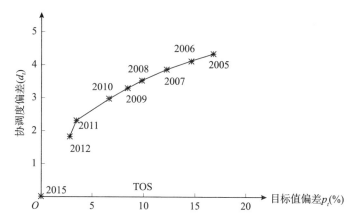

图 8 - 2　武汉市低碳经济总体情况及各子维度发展现状

近年来，武汉市低碳经济建设一直稳步向规划目标水平靠近，发展态势良好。一方面，不同子系统之间发展的协调度水平在不断增强。低碳经济建设的目标值偏差从 2005 年的 16.79% 降低到 2012 年的 2.81%，这说明经济、资源、环境以及社会民生各个子系统在武汉市的低碳经济建设中都得到了充分的重视。另一方面，低碳经济的建设表现离规划目标越来越近。2005 年，武汉市低碳经济表现与 2015 年的规划目标相比差距达 4.35，然而，到了 2012 年，这一差距降低到 1.87，下降了 57%。此外，从不同年份发展的差异性来看，2007 年明确为全国试点区以后，武汉市的低碳经济建设成效明显加快，当年的协调度偏差下降 19.71%。然而，受 2008 年国际金融危机的影响，2009 年建设成效有所减慢，直至 2011 年又迅速提升，协调度偏差下降 48.2%，目标值偏差下降 21.9%。

2. 不同领域发展水平分析

如图 8 - 3 所示，经济发展子系统的发展表现与低碳经济的整体表现较为一致，虽然 2008 年到 2010 年发展速度有所减慢，但发展现状值与规划目标值

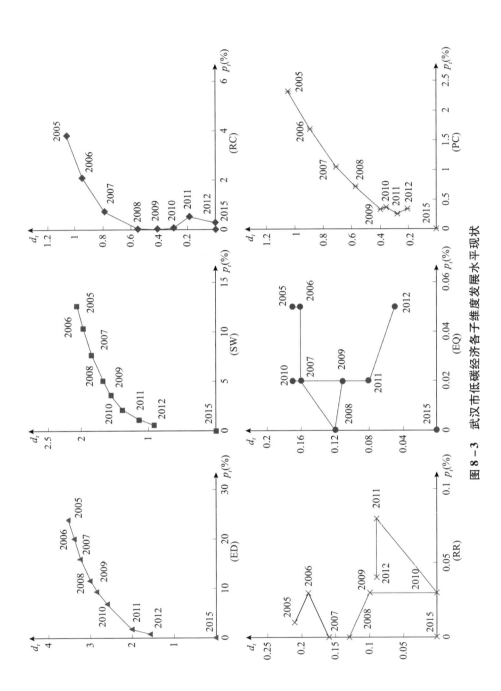

图 8 - 3 武汉市低碳经济各子维度发展水平现状

之间的协调度偏差和目标值偏差均在不断缩小。2012 年，经济发展子系统的协调度偏差由 2005 年的 23.9% 下降到 2012 年的 0.75%，下降幅度明显。这表明经济发展子系统的各个指标间得到了较为均衡的发展，反映经济发展数量的指标 GDP 总量，以及反映经济发展质量的高新技术产业和第三产业的比重均在增强，显示出经济发展的良好态势。

社会民生子系统的协调度偏差和目标值偏差均显示出较明显的发展态势。社会民生子系统协调度偏差在不断下降，由 2006 年的 10.34% 下降到 2012 年的 0.52%。这表明城镇居民与农村居民的收入水平都得到了极大的改善，政府发展经济的成果被民众所分享。从单个指标来看，城镇化率的提升与规划目标的差距还较为明显，需要引起政府的重视，进一步加快推进城镇化的步伐。

资源节约包括资源消耗水平和资源再利用水平两个子系统。资源消耗水平改进明显，协调度偏差由 2005 年的 3.83% 持续降低到 2009 年的 0.01%，2010—2011 年又反弹到 0.51%，原因在于单位 GDP 能耗降低的速度大于万元工业增加值水资源消耗的降低速度，反映在向量夹角上就出现了方向的偏离。从实际指标的数据来看，单位 GDP 能耗和万元工业增加值水资源消耗水平在 2012 年的表现均已经达到 2015 年的规划目标。2009 年和 2012 年武汉市分别获批全国节水型城市和低碳省建设试点城市，对相关指标的改善起到了巨大的推动作用。资源再利用子系统则表现出一定的波动性。2005—2010 年，协调度偏差和目标值偏差总体上持续下降。2010 年，武汉市工业固体废弃物综合利用率和工业用水重复利用率的表现均超过了规划目标水平。然而，2011 年二者的表现又有所下滑，导致协调度偏差和目标值偏差均有所反弹和提升。

环境质量子系统的表现波动性较大。协调度和目标值偏差在 2005—2008 年间持续改善，但 2009—2010 年各个指标的绝对值均有所下滑。受 2008 年经济危机的影响，2009 年各级政府面临一定的经济发展压力，政府的发展重心都集中在经济发展子系统的发展，而忽视了对环境质量的控制。这也表明了在我国，发展经济仍然是政府的首要任务，而且建立在一定经济水平下的环境质量改善才是可持续的。

减排水平得到了极大的提升。各个指标均呈现持续改进的态势。其中，2012 年湖北获批开展低碳省建设试点，有力地推动了武汉市单位 GDP 的 CO_2 排放强度水平由 2005 年的 3.31 吨 CO_2/万元下降到 2012 年的 1.39 吨 CO_2/万元，已经低于 2015 年的规划目标 1.5 吨 CO_2/万元，而且远低于全国的平均水平。

3. 影响因素分析

由表 8-4 可知，影响低碳经济建设总体成效及各个维度发展状况的因素各有不同，而且，在协调度偏差和目标值偏差上均表现出一定的差异性。

从低碳经济整体目标来看，外部经济环境是武汉市低碳经济建设协调度偏差和目标值偏差最核心的要素。其中，中国的 GDP 发展速度和湖北的 GDP 发展速度与武汉低碳经济水平的平均关联系数分别达到 0.853 和 0.772。这表明，经济建设是国民经济社会发展的根基，经济实力强劲了，社会发展过程中的问题才能得以解决。分指标来看，R&D 经费占 GDP 比例、湖北 GDP 增速以及污染治理投资总额是影响协调度偏差和目标值偏差最核心的因素。其中，反映外部经济环境的湖北 GDP 增速是影响协调度偏差的最核心因素，紧随其后的是代表科技水平的投入力度的 R&D 经费占 GDP 比例和代表全社会对环境污染治理的投资水平的污染治理投资总额。而影响目标值偏差最核心的因素则是 R&D 经费占 GDP 比例，紧随其后的分别是湖北 GDP 增速和污染治理投资总额。

细分到低碳经济建设的子领域，科技支撑水平与政府投资力度是影响经济子系统协调度偏差的最核心因素，二者的平均关联系数分别为 0.845、0.839。分指标来看，固定资产投资对经济发展协调度偏差的影响最大，这再次验证了我国经济发展的投资驱动模式。紧随其后的分别是专利授权量和 R&D 经费占 GDP 比例，它们与协调度偏差的关联系数分别为 0.865 和 0.825。影响经济子系统目标值偏差最核心的因素则是湖北 GDP 增速与 R&D 经费占 GDP 比例，关联系数同为 0.889。

社会民生方面，经济环境是影响社会民生目标值偏差最核心的因素，其中湖北 GDP 增速和中国 GDP 增速与目标值偏差的关联系数分别为 0.803 和 0.75。而反映科技投入力度的专利授权量（0.854）与 R&D 经费占 GDP 比例（0.786）以及固定资产投资（0.843）则是影响协调度偏差最重要的因素。

科技水平与投资力度是影响能源与资源消耗水平的最重要因素，与协调度偏差相关性分别达到 0.843、0.842，与目标值偏差的相关性分别达 0.793、0.782。R&D 经费占 GDP 比例和专利授权量表明了对科技水平的重视力度及其产出结果，而固定资产投资中包括技术改造投资以及工业设备投资，二者均能够通过显著提高资源利用效率进而降低资源的消耗水平。

金融支持与财政支出是影响资源再利用水平的核心因素。二者与协调度偏差的相关性分别达到 0.874、0.867，与目标值偏差的相关性分别达 0.759、0.786。分指标来看，R&D 经费占 GDP 比例是影响资源再利用水平目标值偏差的最核心因素，这表明：提升资源再利用水平的关键是加大在环境与资源领域的科研投入，利用技术手段实现再利用水平的提升。

R&D 经费占 GDP 比例是影响环境质量协调度（0.869）和目标值偏差（0.832）的最核心因素。此外，政府对环境保护的财政支出（0.853）对环境质量的协调度，以及污染治理投资总额（0.754）对环境质量的目标值偏差也有重要影响。而综合来看，外部经济环境与环境质量的协调度（0.864）和目标值（0.753）关联性最为明显，这再次表明了良好的经济发展环境是实现环境可持续发展的基础。

科技水平（0.71）与投资力度（0.685）是影响减排水平协调度偏差的核心因素。而经济环境（0.837）、金融支持（0.809）与财政支出（0.809）则是影响目标值偏差的重要因素。一方面，GDP 的稳定快速发展，更利于政府将经济社会发展的重心由总量向质量转变；另一方面，加大污染治理，需要企业在生产及治理设备、工艺流程等方面采取切实有效的措施，这离不开大量资金的投入，这既需要政府的资金投入，也离不开金融机构的大力支持。

8.4　武汉市低碳经济特征及碳减排政策工具选择

8.4.1　武汉市低碳经济发展特征

由上文的分析，可以得到武汉市发展低碳经济的现状如下：

（1）武汉市低碳经济水平以及经济发展子系统的表现持续改善，但是资源与环境系统受外部经济环境的影响较明显而波动性较强。当外部宏观经济环境较好时，资源、环境系统发展也较好，这表明良好的经济发展态势仍是资源、环境系统发展的基础。其原因在于对政府官员的考核评价体系仍然是强调

GDP 的发展，而官员职位的升迁也与 GDP 的发展速度密切相关。因此，有必要通过改革考核评价体系，来激励政府官员同等对待 GDP 发展与碳减排，以实现环境、资源系统稳定、可持续的发展。

（2）低碳经济各个子系统在协调度及目标值偏差发展上存在明显的差异性。低碳经济水平、经济发展子系统和社会民生子系统在协调度和目标值偏差方面都表现良好，二者的值都在不断地缩小，向着规划目标不断靠近。能源与资源消耗子系统的两个指标均提前完成了 2015 年的规划目标值，而且从指标值的变化趋势看是在不断减少，表现出良好的发展趋势。不考虑 2010 年的突出表现，资源再利用子系统的目标值偏差总体上呈下降趋势，但协调度偏差则波动性较大。从具体指标来看，工业用水重复利用率由 2010 年的 93.05% 下降到 2012 年的 80.86%，下降幅度高达 13.1%，远高于工业固体废物综合利用率 3.58% 的下降幅度，导致了协调度偏差的扩大。减排水平子系统的目标值在不断降低，但是协调度偏差则于 2012 年有所扩大，主要原因在于 CO_2 排放强度指标提前完成规划目标，污水集中处理率有所下降，而其他指标表现虽有所提升但与规划目标值仍有一定差距，由此导致协调度偏差被扩大。环境质量子系统的协调度和目标值偏差均存在明显的波动性，说明了各个指标值发展的区别差异较大。上述结果表明，在推动低碳经济建设过程中，既需要有针对性地推进重点领域、单一领域的发展，也需要兼顾不同领域发展的协调性，实现各个领域的全面优化。此外，环境保护与资源节约既涉及对存量要素的改善，也需要注意对增量要素的控制，以维持环境、资源指标值的稳定性。

（3）不同子系统的影响因素存在区别。对能源与资源消耗子系统和减排水平子系统而言，主要涉及通过工艺设备投资和技术流程改造来提高相关效率，因此，科技水平与投资力度是最重要的影响因素。提升资源再利用子系统的途径则主要在于需要推动企业加强对废弃物资源的再利用，这需要通过金融支持，为企业提供必要的资金支持来完善设备，也需要通过必要的财政补贴以激励企业采取必要的措施。而加大固定资产投资力度对与经济发展成效密切相关的经济发展子系统和社会民生子系统的关系非常明显。此外，加大 R&D 的投入水平则对所有子系统的表现均有推动作用。

8.4.2　武汉市碳减排政策选择

据此，可以进一步得到武汉市未来推动碳减排，实现低碳经济的政策需求的基础条件呈现出以下三大特征：

从经济发展情况来看，2014 年全市 GDP 总量突破万亿元大关，达到 10069.48 亿元，远远高于 2010 年的 5565.93 亿元。武汉 GDP 占湖北省的比重高达 36.8%，占武汉城市圈的比重高达 57.9%。从增速水平来看，2014 年增速同比增长 9.7%，远低于 2010 年的 14.7%，而且增速呈逐年下滑压力，这表明，在经济发展步入新常态的背景下，武汉市经济持续发展的压力也在加大。从产业结构来看，第一、第二、第三产业增加值的 GDP 占比分别为 3.5%、47.5%、49.0%，增加值同比增速分别为 5.0%、10.2%、9.5%，第三产业发展快速，但第二产业仍然是经济发展的核心推动力。从工业部分细分结构来看，全市 2014 年实现规模以上工业产值 11764.59 亿元，同比增长 12.3%。拥有钢铁、汽车及零部件、电子信息制造、装备制造、能源环保、食品烟草六大千亿元产业板块，占据全市规模以上工业总产值的 74% 左右，吸纳全市 66% 的工业人员，按照国民经济行业分类表，六大千亿元产业近 1400 户企业涵盖了工业 18 个行业大类 196 个小类。整体来看，经济层面持续快速发展的压力比较大，重工业仍然是国民经济的支柱产业。

从能源消耗来看，工业部门是能源消耗的核心部门，煤炭消费仍是核心基础能源。2013 年武汉市能源消费总量为 6878.97 万吨标准煤，占全省 20721.53 万吨标准煤的 33.2%，是全省的能耗大户。从单位 GDP 能耗强度来看，2013 年武汉市单位 GDP 能耗为 0.76 吨标准煤/万元，低于同期湖北省 0.84 吨标准煤/万元的水平，但从降速来看，武汉市同比降低 3.51%，同期湖北省降速水平为 4.13%。武汉市单位 GDP 能耗降速水平有所下降，低于湖北省平均水平。这表明武汉市在后期持续降低能源消费水平的压力也在不断提升。从分行业能源消费水平来看，规模以上工业企业的能耗水平呈上升趋势，给碳减排的推进带来较大压力。截至 2014 年 9 月，全市规模以上工业企业累计消耗 1814.57 万吨标准煤，同比增加 11.9%，单位工业增加值能耗同比上升 0.6%，增速保持高位增长态势，工业结构的重化特征进一步凸显。整体来看，武汉市能耗强度相对较低，但后期持续降低能源消费水平的压力也在不断提升，而且高耗能的产业结构进一步加大了能耗水平降低的难度。

从碳减排基本情况来看，武汉市单位 GDP 的 CO_2 排放水平已经提前实现试点规划中谈及的 2015 年规划目标，排放强度仅为 0.342 吨 CO_2/万元，远低于国内、省内平均水平。这表明武汉市的碳减排工作进展成效非常明显。鉴于武汉市是湖北省的龙头城市，在全省推进低碳经济发展的过程中占据绝对重要的地位，进一步参考湖北省的减排效率及减排潜力可以发现，从全国来看，湖北省的碳减排效率相对较低，处于低效率地区。这表明湖北省全省的经济发展与 CO_2 排放水平间存在不均衡性，以当前的 GDP 水平来衡量的话，CO_2 排放仍处于较高的排放水平，CO_2 的减排压力仍然比较大。同时，从减排潜力来看，按照高效率地区的技术水平来衡量，湖北省"十二五"初期（2011—2012 年）的相对减排潜力仍然高达 56.83%，这表明湖北省仍然存在较大的减排潜力。综合来看，武汉市的碳减排工作进展顺利，成效明显，但作为湖北省低碳经济发展的核心城市，仍需进一步推动碳减排，以带动全省碳减排工作的顺利推进。武汉的碳减排工作仍然重要，但不急迫，无须高强度的减排目标。

综上所述可以发现，武汉市当前经济发展总量规模较大，但增速逐步减慢，在新常态的经济发展背景下，经济长期可持续发展的任务仍比较艰巨。同时，武汉市单位 GDP 能耗水平低于湖北省平均水平，但降速相对较低，表明单位 GDP 能耗水平的调整步入相对平稳阶段，对能源消费结构的调整要优先于能源消耗总量的调整。此外，从减排需求来看，武汉市单位 GDP 二氧化碳排放标准已提前实现 2015 年的规划目标，减排压力相对较小。因此，综合考虑武汉市经济发展的态势、碳减排的现实需求以及产业结构基础，建议武汉市采取对经济与产业结构影响相对较小、相对温和的碳减排政策——碳排放权交易政策，在总量调控目标上设置相对较低的降速，在配额分配方式上采取免费的分配方式。

结合上文对碳减排政策工具的基本分析，武汉市在碳交易政策的实施方面需要做好政策配套并进一步完善低碳经济发展的政策体系。一方面要做好政策配套，在政策实行初期设置缓冲期，在初始阶段设置相对较低的碳排放控制标准（相对较为宽松的排放总量额度比例及较宽松的免费分配比例）；同时，设置技术补贴等配套措施来降低因碳减排对企业生产经营成本的影响，降低发展低碳经济的成本。另一方面要完善政策体系，一是要加大政策的覆盖面，将资源、环境、能源等监测指标、控制指标的覆盖面进一步扩大；二是适当兼顾总量指标及强度指标的调控，待经济水平发展到一定阶段时，有必要逐步将强度指标转变为总量指标，以实现资源与环境指标的科学考量，与全球资源与环境调控目标进行对接。此外，也要完善相应的政策考核体系。

8.5　本章小结

低碳经济是一个涉及经济、环境、资源与社会民生的复杂系统，要重点考虑到各要素间的协调推进与和谐共生。本章基于标杆管理的思想，构建了低碳经济的综合评估模型，对低碳经济及其各个子维度的实际发展现状与规划目标之间的协调度偏差和目标值偏差进行了分析，并利用灰色关联分析模型对低碳经济建设的影响因素进行了探讨。利用上述模型，对试点城市武汉市低碳经济的发展现状进行了分析，并结合武汉市低碳经济发展的特征及碳减排、经济发展的实际需求，在综合考虑碳税及碳交易政策适用特征的基础上，提出了武汉市加大力度实施碳交易的政策建议，全章主要结论包括以下三个方面。

（1）强有力的政策仍然是低碳经济建设初期有序推进的坚强动力，但从长远来看，对政策的过度依赖将会影响到低碳经济长期发展的深度与广度。依托全国低碳经济试点地区和全国碳排放权交易试点地区两块招牌，在低碳经济建设初期，湖北省与国家发展改革委、环境保护部以及国家税务总局等部委加强合作，积极争取了一系列的政策支持，在排污权交易试点、环境保护体制机制创新等领域取得了明显的成效，走在了全国的前列。然而，进入低碳经济建设的中后期以来，武汉所得到的政策支持在逐步减少，低碳经济发展的步伐相对变缓。这表明，过多地依赖政策先行的优势，对低碳经济长期稳定的发展不利。一方面，政策的边际效用递减，纯粹依靠政府的政策支持不可持续；另一方面，从全国全局发展的角度出发，政府能够给予的优惠政策以及特别政策终将会普及化，导致政策优势的丧失。实际上，对政策的过度依赖，恰恰表明了市场性手段的缺失。市场性的手段才能摆脱对政策的过度依赖，进而充分发挥市场对资源的分配与调节作用，实现长期、有序、低成本地推进低碳经济建设。

（2）低碳经济对碳减排等能源与资源消耗及环境质量类指标的关注，有力地提升了社会公众的环境保护与资源节约意识，但依靠政策的强制性推进方式也对企业的经济发展提出了更高的要求。低碳经济是可持续发展的具体实践。改革开放三十多年经济的快速发展，极大地推动了社会公众环保意识的提升。在此背景下，推进低碳经济建设，有力地吸引了社会公众的积极参与。从武汉市的实践来看，一系列的示范创建活动均能吸引大批的社会公众参与，通过全社会的积极参与，低碳经济建设得以以更快的发展速度推进。不过，低碳经济建设对环境、资源类指标的约束性要求也给企业增加了额外的生产成本，考虑到环境资源的外部性，如果无法通过制度设计对企业的污染物减排行为和资源节约行为进行补偿，将会极大地阻碍企业的参与意愿：不仅造成低碳经济建设难以推进，而且可能对企业的正常生产经营行为造成影响，进而影响到经济的正常发展。

（3）综合考虑武汉市经济增速逐步降低的发展态势、碳减排前期进展较好压力不大的现实需求以及重工业特征仍然明显的产业结构基础，建议武汉市进一步加大力度鼓励大型企业参与湖北省的碳排放权交易试点工作，在碳交易制度设计上采取相对宽松的总量调控目标并以免费的方式分配碳配额。同时，设置技术补贴等配套措施来降低碳减排对企业生产经营成本的影响，降低发展低碳经济的成本，并且在低碳经济发展政策体系上扩大资源、环境、能源等监测指标、控制指标的覆盖面，注意兼顾总量指标及强度指标的调控，并制定相应的政策考核体系。

第9章　研究总结与展望

本章总结全书的主要研究结论，提出推动我国碳减排及低碳经济发展的政策建议，并指出研究的不足和进一步的研究方向。

9.1　促进碳减排及低碳经济发展的政策建议

发展低碳经济是融入全球发展潮流、适应我国经济发展趋势的现实要求。党的十八大以来，低碳经济更是成为国家中长期的发展目标与任务，并以国家最高规划及政策文件的形式从制度上确定了其重要性及迫切性。本书从理论及实践两个层次探讨了通过实施碳税或碳交易政策推动碳减排及低碳经济发展的必要性和可行性，对两类政策工具的政策效果进行了比较，并指出需要结合地区经济发展及碳减排的实际需求选择合适的政策工具。本节结合前文研究结论，对依托碳税与碳排放权交易政策促进碳减排与低碳经济发展提出具体的政策建议。

1. 完善市场机制，充分运用碳税与碳交易等市场手段的调节作用，激发低碳经济发展的动力

打造低碳、循环经济发展模式的目标在于在发展经济的同时实现对生态环境的保护与自然资源的合理利用，以实现经济系统、社会系统与资源环境系统的长期可持续发展。从第4章和第5章的分析可以看出，仅考虑经济社会类的指标（如 GDP、人均收入水平、碳生产率等），我国经济社会的发展成效非常明显，然而，当考虑资源利用、环境损害等因素时，从低碳经济发展模式所要求的碳减排和经济发展双重目标的均衡性和碳减排效率两个角度的分析则发

现，我国经济社会发展过程中的质量又存在明显的弊端。造成这一影响的根本原因在于发展低碳经济过程中对环境、资源类指标的约束性要求实际上给企业增加了额外的生产成本，考虑到环境资源的外部性，如果无法通过制度设计对企业的污染物减排行为和资源节约行为进行补偿，将会极大地阻碍企业的参与意愿，不仅造成低碳经济难以推进，而且可能对企业的正常生产经营行为造成影响，进而影响到经济的正常发展。对碳税和碳排放权交易两种政策手段的分析表明，这两种环境经济政策的实施能够最大化地激发 CO_2 排放主体的积极性。因此，有必要通过引进碳税或碳交易政策，一方面通过发挥政策的价格信号的指导作用，对市场进行有效调节，降低环境保护与资源节约的社会总成本；另一方面，通过政策提供的激励作用，为企业因污染废弃物排放、资源利用带来的额外成本提供一种补贴，在更大范围激发社会公众的参与性的同时，降低对企业生产经营行为造成的影响。

2. 做好政策配套，降低政策实施阻力，保证碳税及碳排放权交易政策的推行，降低发展低碳经济的成本

当前，我国仍处于工业化与城镇化的快速发展阶段，由路径依赖理论可知，在现有的产业结构及能源结构下，在未来的发展过程中，发展经济仍然会给资源与环境带来一定的挑战。同时，从国家的中长期发展规划及国外的发展经验也可以看出，实现资源、环境的协调发展是一项长期任务，推进低碳经济建设是一个循序渐进的过程。由前文的分析可知，碳税及碳排放权交易政策的实施在短期实现碳减排的同时也将对经济发展造成一定的损害。对此建议如下：

（1）不管是碳税政策还是碳排放权交易政策的实施都应该设置缓冲期，在初始阶段设置相对较低的碳排放控制标准（相对较低的碳税税率、相对较为宽松的配额分配比例及较宽松的免费分配比例），然后逐步提高碳排放控制标准，从而避免对基础产业造成冲击，拖累整体经济，同时这也有利于企业逐步适应碳排放控制的要求，进而有时间从管理模式及技术改造升级等方面对现有的生产运作模式进行调整。

（2）设置相关的配套措施来降低因碳减排对企业生产经营成本产生的影响。在实施碳税或碳交易政策的同时，通过出台一定的配套政策来弥补实施这些政策对企业造成的影响，以确保控制碳减排的目的在企业层面得以真正实

现。在出台碳税政策时，通过税收返还等形式对企业的低碳能源使用、低碳技术改造与升级等投入给予补贴，有助于企业削减生产成本，增强企业的节能减排意识，促使企业选用低碳原材料生产，从而带来较好的 CO_2 减排效应。不过，对于补贴的力度必须予以控制，避免企业因此失去了减排的动力。实施排放权交易制度时，适当控制企业免费获得的碳排放配额。一方面，此举可以避免在碳排放配额分配的一级市场存在寻租行为。一级市场上的碳排放权配额分配实际是由政府主导完成的，在法律规章制度不完善的条件下，极易存在政府公共权力的寻租行为，企业极有可能通过与政府的合作超额获取排放配额，这样既影响了碳排放权交易市场的公平性，也对碳排放权交易市场的运行效果造成损害，使得政策的实施效果存在极大的不确定性。另一方面，适度的免费配额额度有利于对企业的碳减排造成一定的压力，进而倒逼企业通过技术改造与升级、管理方法创新等方式实现碳排放总量的控制，实现企业减排与发展进步的双赢局面。

3. 完善政策体系，加强政策执行力，确保经济、社会、环境与资源实现长期稳定的均衡发展

可持续发展理念下的低碳经济模式具有复合性与系统性特征。这表明在推进建设过程中，需要覆盖到经济社会生活的各个方面。前文的分析表明，产业政策支持力度和能源与环境监管力度是影响环境质量和资源消耗水平的最重要因素。这说明政府的政策支持力度以及政策的落实程度对资源、环境子系统的发展有着重要的影响。因此建议如下：

（1）需要加大政策的覆盖面。以能源消耗强度、水资源消耗总量等指标为代表的总量控制目标因为国家有明确的目标考核要求且广为社会公众熟悉，因此，这一类的资源目标在低碳经济发展过程中得到了较好的落实，成效也较为明显。但从试点区武汉市的情况来看，工业用地土地利用率和单位面积土地收益水平与规划目标相比存在较大差距，需要得到更多的重视。在招商引资、园区建设以及土地规划与管理上协同并进，不断提高土地的利用价值。同时，从长期来看，总量指标与强度指标的约束作用也存在明显的差异。出于我国国情的考虑，当前我国对资源与环境指标的考量基本都是从人均量以及强度指标等相对水平的角度出发，这与对环境资源总量的控制标准存在一定的偏离。因此，待经济水平发展到一定阶段，有必要逐步将强度指标转变为总量指标，以

实现资源与环境指标的科学考量，与全球资源与环境调控目标相对接。

（2）完善政策考核体系。"唯 GDP 论"的政绩观使得资源、环境子系统的发展完全取决于经济子系统的成效。对我国碳减排效率的研究表明，政策制定者及执行者对增加期望产出的 GDP 的诉求要远大于减少非期望产出 CO_2 排放的诉求。因此，有必要通过改革将环境、资源等指标纳入政绩考核体系，实现政绩考核由经济数量向经济质量的转变，进而鼓励、激励政策制定者和执行者将降低非期望产出和增加期望产出置于同等重要的地位。

9.2 研究结论

寻求最佳的碳减排手段是发展低碳经济的直接目标。理论与实践分析表明，碳税与碳排放权交易政策是促进碳减排的有效工具。我国不同地区间经济基础、产业结构差异巨大，这使得各地在碳减排策略的确定上必须考虑地区发展的实际特征，以选择合适的减排政策工具。本书首先基于新制度经济学及环境经济学的观点对碳减排问题的经济学属性进行了概述，从理论和实践两个层次阐述总结了基于庇古税的碳税和基于科斯定理的碳排放权交易机制的作用机理和实践经验。然后，从碳减排效率及碳减排潜力两个维度对各地区的碳减排特征进行系统分析，在此基础上寻找影响我国碳排放及其效率提升的核心因素，进而分别构建模型对碳税和碳排放权交易政策工具的政策效果从碳减排成效、碳减排成本及其经济影响三个方面进行了模拟仿真研究，以评估这些政策工具实施对低碳经济发展的作用。同时，构建模型对低碳经济和碳排放权交易双试点城市——武汉市的低碳经济发展及碳排放权交易政策的运转进行了效果评估。最后得到促进低碳经济发展和碳减排的政策启示及建议。具体的工作与结论包括：

（1）从理论与实践运用的角度看，碳税与碳交易是促进碳减排、发展低碳经济的有效手段。基于庇古税的碳税和基于科斯定理的碳排放权交易能够有效解决碳减排过程中存在的外部性问题。国内外的碳交易经验表明：①合理的碳排放额度总量控制目标有利于提高排放主体参与碳交易的意愿，保证碳交易市场的启动实施；②兼顾公平与效率的碳配额分配方式有利于维持碳市场的健康发展；③完善的交易机制设计以及明确的奖惩机制有利于维持碳交易市场的稳健发展，这包括明确的法律体系、科学的交易平台与丰富的交易产品、严格的碳排放监管制度以及严厉的惩罚机制。而国内外的碳税的实践也进一步表明：①完善的碳税法律法规体系是碳税实施的基础；②可接受的税率水平是实现控制碳排放与避免对经济造成过度影响的核心；③构建完善的税收减免机制，遵循税收中性原则有利于碳税的顺利实施。

（2）基于碳减排效率和碳减排潜力的中国碳减排现状及低碳经济发展研究表明，自 2007 年提出低碳经济以来，我国的碳排放总量增长速度得到有效控制，但不同地区间的碳减排效率和碳减排潜力均存在明显差异，因此对各地在低碳经济的实施路径与侧重点上需要差别对待。碳生产率指标从产出结果的角度度量了低碳经济发展的成效，而低碳效率则从过程的角度反映了实现控制碳排放和发展经济的效率，二者共同反映了我国在实现碳减排和经济发展的均衡性上所取得的成效。对我国大陆除港澳台及西藏外的 30 个省、自治区、直辖市的研究表明：①我国的碳减排效率"九五"到"十一五"期间有所下滑，但"十二五"初期略有回升。北京、天津、上海、广东、海南、青海、江苏、重庆 8 个地区的碳减排效率处于效率前沿面。而贵州、山西受制于对能源高度依赖的产业结构，碳减排效率比较低。整体来看，除青海外，高效率地区都集中在东部。东三省以及内蒙古都属于中等效率地区。中部六省除湖南、江西外，都集中在低效率地区。此外，低效率地区也集中了大部分西部地区的省份。②基于可减排规模、相对减排潜力以及减排重要性三个角度的评估表明，河北、山东、山西、内蒙古、河南、辽宁应是 CO_2 排放减排的重点区域，山西、河北、新疆、内蒙古、陕西等地碳排放控制存在极大的改善空间，而且这些地区的 CO_2 可减排规模和相对减排潜力都比较高，应该是 CO_2 减排重点关注的区域。③加大 R&D 投入支持将会有力提高东北地区的碳减排效率，对于东部和西部地区而言，加快推进城镇化，尤其是注重城镇化发展过程中的质量更为有效。而对于中部地区而言，政府的支持，尤其是财务支持则会对低碳经济效率提升产生积极的影响。

（3）基于投入产出理论与能源替代理论的模型分析表明，碳税的实施能够快速有效降低我国碳排放总量，但在短期也会对我国经济发展造成一定的冲击，需要通过合理的税收分配方式等制度设计将碳税对经济的影响降低。基于

20 元/吨 CO_2 的模拟研究表明，征收碳税在显著性降低我国 CO_2 减排水平的同时，也会对经济发展造成冲击，不过这种冲击的负面作用将逐步降低。①分 GDP 绝对减少值、GDP 损失率以及 GDP 增速变化三层次的经济影响结果表明，部门四（电力、煤气及水的生产和供应业）是受碳税影响最大的部门，其次分别是部门六（交通运输、仓储和邮政业）和部门二（采掘业），而碳税对部门三（制造业）和部门八（其他行业）的影响最小。②分 CO_2 绝对减排值、CO_2 减排率以及 CO_2 排放强度三层次的碳排放影响研究表明，碳税对部门三的 CO_2 排放影响最明显，对部门二和部门一有较大影响，而对部门四和部门八的影响相对较小。③分 20 元/吨 CO_2、50 元/吨 CO_2、100 元/吨 CO_2 的高、中、低三个层次碳税税负水平的比较分析表明，短期来看，更高的税负水平将推动碳排放绝对值及碳排放强度下降更快，但也将更大限度地对经济造成影响，使得碳减排的成本迅速上升，也即碳减排的经济性并不明显。因此，循序渐进地实施碳税，通过合理地设置税负水平以及适当的税费分配方式来实现碳减排和经济发展的均衡应该成为碳税制度设计的核心要求。

（4）针对碳排放权交易系统的复杂特征，构建了基于 Multi-Agent 的碳排放权交易仿真模型，从碳排放减少量、对碳排放主体的经济影响以及减排成本三个角度比较分析了不同配额分配制度下碳排放权交易的政策效果及其影响。基于中国不同行业碳排放数据的仿真结果表明，在交易成本为零的假设下，排放权交易政策能够有效降低 CO_2 排放量。而基于不同配额分配机制的比较研究表明，混合分配机制下的低强度的配额递减方案的单位碳排放成本最小，能够在实现达标排放的基础上，实现碳排放约束对经济影响最小的目标。不过，在考虑边际减排效果和减排成本的条件下，碳排放配额的下降速度存在一个有效区间，过快的配额降低速度不一定能实现最优的 CO_2 减排。考虑到我国控制碳排放以及发展经济的双重任务，有必要采用混合分配的碳配额分配机制，而且在初期应当采取相对宽松的配额总量政策并适当提高免费分配的比例。

（5）从碳减排效果、减排成本及其经济社会效益影响三个角度比较碳税和碳排放权交易工具的政策效果，可以发现：①碳税与碳交易对不同经济部门的碳减排效果存在明显差异。在碳税机制下，减排效果与该部门的绝对排放量密切相关，而在碳交易机制下，减排效果更多地与该部门的减排成本相关。这表明，在制定碳减排政策过程中，需要考虑到行业减排的差异性，在差异化或统一的政策框架下，针对特定的行业出台相应的辅助与支持政策；②从减排成本来看，碳税与免费配额分配的碳交易制度下的整体单位减排成本在样本期内呈下降趋势。不过，随着税率水平（配额下降强度）的提高，单位碳减排成本将有所上升，且呈加速上升态势。而且，各个行业的单位碳减排成本在碳税和碳交易机制下的表现也比较一致。在单位碳减排成本相差不大的条件下，拥有较低交易成本的碳税政策相较于碳交易而言具有一定的优势；③从经济与社会效益来看，征收碳税对经济总量的影响整体呈下降态势，且税率水平越高，GDP 的绝对损失量也越高，但损失量的增加率逐步降低。而在碳交易机制下，随着碳排放配额总量的逐年下降，实现达标排放所需要的经济支出呈线性增长的态势，且随着减排强度的加大，所有行业的减排支出也在不断上升，而且呈加速上升态势。综上可以看出，出于维持经济发展以及控制减排成本的需要，较低的碳税税率水平设置和免费的配额分配制度下的低强度的减排要求是以较小的经济成本实现碳减排效果最优的基础条件。

（6）为加快推动碳减排，发展低碳经济，建议：①完善市场机制，通过引进碳税或碳交易政策，一方面通过发挥政策的价格信号的指导作用，对市场进行有效调节，降低环境保护与资源节约的社会总成本；另一方面，通过政策提供的激励作用，为企业因污染废弃物排放、资源利用带来的额外成本提供一种补贴，在更大范围地激发社会公众参与性的同时，降低对企业生产经营行为造成的影响，激发低碳经济发展的动力。②做好政策配套，在政策实行初期设置缓冲期，在初始阶段设置相对较低的碳排放控制标准（相对较低的碳税税率、相对较为宽松的配额分配比例及较宽松的免费分配比例），同时，设置技术补贴等配套措施来降低因碳减排对企业生产经营成本的影响，降低发展低碳经济的成本。③完善政策体系，一方面要加大政策的覆盖面，将资源、环境、能源等监测指标、控制指标的覆盖面进一步扩大；另一方面，适当兼顾总量指标及强度指标的调控，待经济水平发展到一定阶段，有必要逐步将强度指标转变为总量指标，以实现资源与环境指标的科学考量，与全球资源与环境调控目标相对接。此外，也要完善相应的政策考核体系。

9.3 研究不足与展望

从理论分析来看，基于市场机制的碳税与碳交易手段能够有效解决 CO_2 排放过程中的外部性问题，从而有利于经济与环境的协调发展。然而，碳税中税率的确定以及碳交易机制设计中配额分配方法的选择都将对这两种机制的作用效果产生直接影响。从国外的实施经验来看，税率的选择是实践中遇到的最大的问题，而配额的分配更是直接影响到碳交易市场的有效性。本书在对两种机制作用效果的模拟研究中，基于国外经验，分高、中、低三个层次设置了税率水平，基于祖父制与拍卖相结合的原则对配额进行分配，这种设置实际上是通过对模拟结果的分析来反向判断税率与配额分配方式的合理性，只能对既定的税率水平及配额分配方式进行判断。在后续的研究中可以考虑通过理论模型的推导对税率水平及配额分配中免费与拍卖的比例进行约束，通过仿真的方式对二者的区间范围进行优化求解，求出满足既定减排目标和经济发展要求的最优税率水平及配额分配方式。

此外，评估碳税与碳交易对不同经济部门的影响，既涉及不同经济部门在经济发展过程中的互相关联以及因此而带来的互相影响，也涉及如何通过对征税所得以及拍卖配额所得的再分配来激励 CO_2 排放主体的减排行为，并减少因碳税对这些部门经济发展造成的影响。对于前者，本书通过投入产出分析和能源替代理论对部门间的投入产出关联以及部门内的能源结构调整进行了限定。然而，这种限定与约束实际上是在静态下对经济发展状况的一种模拟，不足以体现经济发展的波动性，因此在后续研究中可以考虑更为宏观的动态 CGE 模型，通过更为复杂的模块设计对经济的动态发展进行模拟仿真，使得结果更能体现经济发展的动态特征。对于后一问题，本书假设按产值贡献将征税所得与配额所得返还给各个排放主体，并假设返还的经济收入直接作为该排放主体的最终产出，而不参与再生产过程。这一方面是因为本书的静态模型的限定所致，另一方面是因为返还所得再生产的产出难以确定，在实际操作上有较大的困难。因此，在后续研究中可以将返还所得的方式及其利用的途径以及对企业再生产行为造成的影响列入评估的基本模型中，使得结果考虑更为全面。

最后，基于 Multi – Agent 的建模技术能够有效对碳排放权交易系统进行仿真分析。不过，考虑到数据可得性，为了简化分析，本书在一定程度上对不同排放主体的行为规则及个体差异进行了简化，也忽略了不同排放主体在交易成本方面的区别。同时，对相关的技术改进成本等方面的信息也进行了简化处理。这些方面都有待于进一步的深入研究和拓展。此外，随着不同地区碳税与碳交易实践的不断推进，在后续的研究中也可以专门针对两项政策的效果进行更具深度的实证研究。

参考文献

［1］刘兰翠，范英，吴刚，等．温室气体减排政策问题研究综述［J］．管理评论，2005
（10）：46－54，64.

［2］IPCC Fifth Assessment Report：Climate Change 2013（AR5）．Climate Change 2014：Synthesis Report．［EB/OL］．http：//www. ipcc. ch/publications_and_data/publications_and_data_reports. shtml.

［3］STERN N. The economics of climate change：The stern review［M］．Cambridge：Cambridge University Press，2007：12－16.

［4］冯之浚，周荣，张倩．低碳经济的若干思考［J］．中国软科学，2009（12）：18－23.

［5］鲁丰先，王喜，秦耀辰，等．低碳发展研究的理论基础［J］．中国人口·资源与环境，2012，22（9）：8－14.

［6］方大春，张敏新．低碳经济的理论基础及其经济学价值［J］．中国人口·资源与环境，2011，21（7）：91－95.

［7］XIAOHONG CHEN，XIANG LIU，DONGBIN HU. Assessment of sustainable development：A case study of Wuhan as a pilot city in China［J］．Ecological Indicators，2015，50（3）：206－214.

［8］JALIL A，MAHMUD S F. Environment Kuznets curve for CO_2 emissions：A cointegration analysis for China［J］．Encrgy Policy，2009，37（12）：5167－5172.

［9］ZHANG X P，CHENG X M. Energy consumption，carbon emissions，and economic growth in China［J］．Ecological Economics，2009，68（10）：2706－2712.

［10］DU L M，CHU W，CAI S H. Economic development and CO_2 emissions in China：Provincial panel data analysis［J］．China Economic Review，2012，23（2）：371－384.

［11］王淑新，何元庆，王学定．中国低碳经济演进分析：基于能源强度的视角［J］．中国软科学，2010（9）：25－32.

［12］王锋，吴丽华，杨超. 中国经济发展中碳排放增长的驱动因素研究［J］. 经济研究，2010（2）：123 – 136.

［13］林伯强，刘希颖. 中国城市化阶段的碳排放：影响因素和减排策略［J］. 经济研究，2010（8）：66 – 78.

［14］付允，马永欢，刘怡君，等. 低碳经济的发展模式研究［J］. 中国人口·资源与环境，2008（3）：14 – 19.

［15］林伯强，孙传旺. 如何在保障中国经济增长前提下完成碳减排目标［J］. 中国社会科学，2011（1）：64 – 76，221.

［16］涂正革. 中国的碳减排路径与战略选择：基于八大行业部门碳排放量的指数分解分析［J］. 中国社会科学，2012（3）：78 – 94，206 – 207.

［17］卢愿清，黄芳. 低碳竞争力驱动因素及作用机理：基于 PLS – SEM 模型的分析［J］. 科技进步与对策，2013（9）：15 – 18.

［18］LU C，TONG Q，LIU X. The impacts of carbon tax and complementary policies on Chinese economy［J］. Energy Policy，2010，38（11）：7278 – 7285.

［19］付加锋，庄贵阳，高庆先. 低碳经济的概念辨识及评价指标体系构建［J］. 中国人口·资源与环境，2010（8）：38 – 43.

［20］付允，刘怡君，汪云林. 低碳城市的评价方法与支撑体系研究［J］. 中国人口·资源与环境，2010（8）：44 – 47.

［21］吕学都，王艳萍，黄超，等. 低碳经济指标体系的评价方法研究［J］. 中国人口·资源与环境，2013（7）：27 – 33.

［22］陈诗一. 中国各地区低碳经济转型进程评估［J］. 经济研究，2012（8）：32 – 44.

［23］PAN J H，ZHUANG G Y，ZHENG Y，et al. The Concept of Low – carbon Economy and E-valuation Methodology of Low Carbon City：Case Study of Jilin City［R］. Working Paper，2010.

［24］HE J K，SU M S. Carbon productivity analysis to address global climate change［J］. Chinese Journal of Population Resources and Environment，2011，9（1）：9 – 15.

［25］陈跃，王文涛，范英. 区域低碳经济发展评价研究综述［J］. 中国人口·资源与环境，2013（4）：124 – 130.

［26］LANS BOVENBERG A，GOULDER L H. Applied General Equilibrium Modelling［M］. Springer Netherlands，1991：47 – 64.

［27］沈满洪，贺震川. 低碳经济视角下国外财税政策经验借鉴［J］. 生态经济，2011（3）：83 – 89.

[28] BARKER T, KÖHLER J. Equity and ecotax reform in the EU: achieving a 10 per cent reduction in CO_2 emissions using excise duties [J]. Fiscal Studies, 1998, 19 (4): 375 – 402.

[29] CALLAN T, LYONS S, SCOTT S, et al. The distributional implications of a carbon tax in Ireland [J]. Energy Policy, 2009, 37 (2): 407 – 412.

[30] WIER M, BIRR – PEDERSEN K, JACOBSEN H K, et al. Are CO_2 taxes regressive? Evidence from the Danish experience [J]. Ecological Economics, 2005, 52 (2): 239 – 251.

[31] ELKINS P, BAKER T. Carbon taxes and carbon emissions trading [J]. Journal of Economic Surveys, 2001, 15 (3): 325 – 376.

[32] NERUDOVÁ, DANUŠE, MARIAN DOBRANSCHI. Double Dividend Hypothesis: Can it Occur when Tackling Carbon Emissions? [J]. Procedia Economics and Finance, 2014 (12): 472 – 479.

[33] ORLOV, ANTON, HARALD GRETHE, et al. Carbon taxation in Russia: Prospects for a double dividend and improved energy efficiency [J]. Energy Economics, 2013 (37): 128 – 140.

[34] TAKEDA SHIRO. The double dividend from carbon regulations in Japan [J]. Journal of the Japanese and International Economies, 2007, 21 (3): 336 – 364.

[35] 王金南, 严刚, 姜克隽, 等. 应对气候变化的中国碳税政策研究 [J]. 中国环境科学, 2009 (1): 101 – 105.

[36] 苏明, 傅志华, 许文, 等. 碳税的中国路径 [J]. 环境经济, 2009 (9): 10 – 22.

[37] 高鹏飞, 陈文颖. 碳税与碳排放 [J]. 清华大学学报 (自然科学版), 2002 (10): 1335 – 1338.

[38] FLOROS N, VLACHOU A. Energy demand and energy – related CO_2 emissions in Greek manufacturing: Assessing the impact of a carbon tax [J]. Energy Economics, 2005, 27 (3): 387 – 413.

[39] BRUVOLL A, LARSEN B M. Greenhouse gas emissions in Norway: do carbon taxes work? [J]. Energy Policy, 2004, 32 (4): 493 – 505.

[40] BURTRAW D, KRUPNICK A, PALMER K, et al. Ancillary benefits of reduced air pollution in the US from moderate greenhouse gas mitigation policies in the electricity sector [J]. Journal of Environmental Economics and Management, 2003, 45 (3): 650 – 673.

[41] GODAL O, HOLTSMARK B. Greenhouse gas taxation and the distribution of costs and bene-

fits: the case of Norway [J]. Energy Policy, 2001, 29 (8): 653 – 662.

[42] LEE C F, LIN S J, LEWIS C, et al. Effects of carbon taxes on different industries by fuzzy goal programming: A case study of the petrochemical – related industries, Taiwan [J]. Energy Policy, 2007, 35 (8): 4051 – 4058.

[43] LEE C F, LIN S J, LEWIS C. Analysis of the impacts of combining carbon taxation and emission trading on different industry sectors [J]. Energy Policy, 2008, 36 (2): 722 – 729.

[44] WISSEMA W, DELLINK R. AGE analysis of the impact of a carbon energy tax on the Irish economy [J]. Ecological Economics, 2007, 61 (4): 671 – 683.

[45] LIN BOQIANG, XUEHUI LI. The effect of carbon tax on per capita CO_2 emissions [J]. Energy Policy, 2011, 39 (9): 5137 – 5146.

[46] YANG MIAN, YING FAN, FUXIA YANG, et al. Regional disparities in carbon dioxide reduction from China's uniform carbon tax: A perspective on interfactor/interfuel substitution [J]. Energy, 2014 (74): 131 – 139.

[47] FANG GUOCHANG, LIXIN TIAN, MIN FU, et al. The impacts of carbon tax on energy intensity and economic growth: A dynamic evolution analysis on the case of China [J]. Applied Energy, 2013 (110): 17 – 28.

[48] GUO ZHENGQUAN, XINGPING ZHANG, YUHUA ZHENG, et al. Exploring the impacts of a carbon tax on the Chinese economy using a CGE model with a detailed disaggregation of energy sectors [J]. Energy Economics, 2014 (45): 455 – 462.

[49] CHEN SHIYI. What is the potential impact of a taxation system reform on carbon abatement and industrial growth in China? [J]. Economic Systems, 2013, 37 (3): 369 – 386.

[50] LI AIJUN, BOQIANG LIN. Comparing climate policies to reduce carbon emissions in China [J]. Energy Policy, 2013 (60): 667 – 674.

[51] LIU ZHAOYANG, XIANQIANG MAO, JIANJUN TU, et al. A comparative assessment of economic – incentive and command – and – control instruments for air pollution and CO_2 control in China's iron and steel sector [J]. Journal of Environmental Management, 2014 (144): 135 – 142.

[52] COASE R H. The problem of social cost [J]. Journal of Law and Economics, 1960 (3): 1 – 44.

[53] DALES J H. Pollution, Property, and Prices [M]. Toronto: University of Toronto Press, 1968.

［54］CROCKER T D. The structuring of atmospheric pollution control systems ［J］. the Economics of Air Pollution, 1966（1）: 61 – 86.

［55］MONTGOMERY W D. Markets in licenses and efficient pollution control programs ［J］. Journal of Economic Theory, 1972, 5（3）: 395 – 418.

［56］MANNE A S, RICHELS R G, HARVEY L D D. Buying greenhouse insurance: the economic costs of CO_2 emission limits ［J］. Journal of the Operational Research Society, 1994, 45（4）: 479 – 480.

［57］HEPBURN C. Carbon trading: a review of the Kyoto mechanisms ［J］. Annu. Rev. Environ. Resour, 2007（32）: 375 – 393.

［58］国务院发展研究中心课题组, 刘世锦, 张永生. 全球温室气体减排: 理论框架和解决方案 ［J］. 经济研究, 2009（3）: 4 – 13.

［59］KVERNDOKK S. Tradeable CO_2 Emission Permits: Initial Distribution as a Justice Problem ［J］. Environmental Values, 1995（4）: 129 – 148.

［60］JANSSEN H, DENIS C. A tentative cost – effectiveness analysis of measures to reduce car emissions ［R］. European Economy – Commission of the European Communities – Reports and Studies, 1998: 129 – 166.

［61］CRAMTON P, KERR S. Tradeable carbon permit auctions: How and why to auction not grandfather ［J］. Energy Policy, 2002, 30（4）: 333 – 345.

［62］ROSE C M. Hot Spots in the Legislative Climate Change Proposals ［J］. Nw. UL Rev. Colloquy, 2008（102）: 189 – 415.

［63］BERNARD A, HAURIE A, VIELLE M, et al. A two – level dynamic game of carbon emission trading between Russia, China, and Annex B countries ［J］. Journal of Economic Dynamics and Control, 2008, 32（6）: 1830 – 1856.

［64］PERDAN S, AZAPAGIC A. Carbon trading: Current schemes and future developments ［J］. Energy Policy, 2011, 39（10）: 6040 – 6054.

［65］ELLERMAN A D, BUCHNER B K. The European Union emissions trading scheme: origins, allocation, and early results ［J］. Review of Environmental Economics and Policy, 2007, 1（1）: 66 – 87.

［66］WITTNEBEN B B. Exxon is right: Let us re – examine our choice for a cap – and – trade system over a carbon tax ［J］. Energy Policy, 2009, 37（6）: 2462 – 2464.

［67］VENMANS FRANK. Aliterature – based multi – criteria evaluation of the EU ETS ［J］. Renewable and Sustainable Energy Reviews, 2012, 16（8）: 5493 – 5510.

[68] MILLARD – BALL ADAM. The trouble with voluntary emissions trading: Uncertainty and adverse selection in sectoral crediting programs [J]. Journal of Environmental Economics and Management, 2013, 65 (1): 40 – 55.

[69] SANDOFF A, SCHAAD G. Does EU ETS lead to emission reductions through trade? The case of the Swedish emissions trading sector participants [J]. Energy Policy, 2009, 37 (10): 3967 – 3977.

[70] AJAY GAMBHIR, TAMARYN A NAPP, CHRISTOPHER J, et al. India's CO_2 emissions pathways to 2050: Energy system, economic and fossil fuel impacts with and without carbon permit trading [J]. Energy, 2014 (77).

[71] DEMAILLY D, QUIRION P. European Emission Trading Scheme and competitiveness: A case study on the iron and steel industry [J]. Energy Economics, 2008, 30 (4): 2009 – 2027.

[72] TENG FEI, XIN WANG, L V ZHIQIANG. Introducing the emissions trading system to China's electricity sector: Challenges and opportunities [J]. Energy Policy, 2014, 75 (12): 39 – 45.

[73] ZHU Y, Y P LI, G H HUANG. Planning carbon emission trading for Beijing's electric power systems under dual uncertainties [J]. Renewable and Sustainable Energy Reviews, 2013 (23): 113 – 128.

[74] LI MENG, JING ZHAO, NENG ZHU. Method of checking and certifying carbon trading volume of existing buildings retrofits in China [J]. Energy Policy, 2013 (61): 1178 – 1187.

[75] CONG RONG – GANG, YI – MING WEI. Potential impact of (CET) carbon emissions trading on China's power sector: A perspective from different allowance allocation options [J]. Energy, 2010, 35 (9): 3921 – 3931.

[76] SMALE R, HARTLEY M, HEPBURN C, et al. The impact of CO_2 emissions trading on firm profits and market prices [J]. Climate Policy, 2006, 6 (1): 31 – 48.

[77] LO, ALEX Y. Carbon trading in a socialist market economy: Can China make a difference? [J]. Ecological Economics, 2013 (87): 72 – 74.

[78] CUI LIAN – BIAO, YING FAN, LEI ZHU, et al. How will the emissions trading scheme save cost for achieving China's 2020 carbon intensity reduction target? [J]. Applied Energy, 2014, 136 (12): 1043 – 1052.

[79] HÜBLER MICHAEL, SEBASTIAN VOIGT, ANDREAS LÖSCHEL. Designing an emissions trading scheme for China: An up – to – date climate policy assessment [J]. Energy Policy,

2014, 75 (12): 57 – 72.

[80] ZHOU P, L ZHANG, D Q ZHOU, et al. Modeling economic performance of interprovincial CO$_2$ emission reduction quota trading in China [J]. Applied Energy, 2013 (112): 1518 – 1528.

[81] DUAN MAOSHENG, TAO PANG, XILIANG ZHANG. Review of Carbon Emissions Trading Pilots in China [J]. Energy & Environment, 2014, 25 (3): 527 – 550.

[82] JIANG JING JING, BIN YE, XIAO MING MA. The construction of Shenzhen's carbon emission trading scheme [J]. Energy Policy, 2014, 75 (12): 17 – 21.

[83] WU LIBO, HAOQI QIAN, JIN LI. Advancing the experiment to reality: Perspectives on Shanghai pilot carbon emissions trading scheme [J]. Energy Policy, 2014, 75 (12): 22 – 30.

[84] LIAO ZHENLIANG, XIAOLONG ZHU, JIAORONG SHI. Case study on initial allocation of Shanghai carbon emission trading based on Shapley value [J]. Journal of Cleaner Production, 2014 (103).

[85] HUANG GUANGXIAO, XIAOLING OUYANG, XIN YAO. Dynamics of China's regional carbon emissions under gradient economic development mode [J]. Ecological Indicators, 2015 (51): 197 – 204.

[86] 朱苏荣. 碳税与碳交易的国际经验和比较分析 [J]. 金融发展评论, 2012 (12): 71 – 76.

[87] JOHANSSON B. Climate policy instruments and industry—effects and potential responses in the Swedish context [J]. Energy Policy, 2006, 34 (15): 2344 – 2360.

[88] WITTNEBEN B B F. Exxon is right: Let us re – examine our choice for a cap – and – trade system over a carbon tax [J]. Energy Policy, 2009, 37 (6): 2462 – 2464.

[89] 邱磊. 基于经济效率的碳税与碳排放权交易的研究 [D]. 青岛: 中国海洋大学, 2013.

[90] HE PING, WEI ZHANG, HAO XU, et al. Production Lot – Sizing and Carbon Emissions under Cap – and – trade and Carbon Tax Regulations [J]. Journal of Cleaner Production, 2015 (103): 241 – 248.

[91] NORDHOUS W. Economic aspects of global warming in a post – Copenhagen environment [OL]. http://nordhaus, econ. yale. edu/documents/Nordhaus _ Copenhagen _ 2010 _ text. pdf, 2010.

[92] HEPBURN C, N STERN. A New Global Deal on Climate Change [J]. Oxford Review of Economic Policy, 2008, 24 (2): 259 – 279.

［93］STRAND JON. Strategic climate policy with offsets and incomplete abatement：Carbon taxes versus cap－and－trade［J］. Journal of Environmental Economics and Management, 2013, 66（2）：202－218.

［94］付强，黄毅. 应对气候变化的政策选择：碳税还是碳排放交易？［J］. 金融教学与研究, 2010（6）：22－25.

［95］顾成昌. 碳交易与碳税：两种碳减排措施的比较分析［D］. 上海：上海社会科学院, 2011.

［96］谢来辉. 碳交易还是碳税？理论与政策［J］. 金融评论, 2011（6）：103－110, 126.

［97］任志娟. 碳税、碳交易与行政命令减排：基于 cournot 模型的分析［J］. 贵州财经学院学报, 2012（6）：1－7.

［98］宋文博. 碳税与排放权交易对企业成本影响的比较研究［D］. 兰州：兰州理工大学, 2013.

［99］何禹忠. 碳税与碳交易机制的比较研究［D］. 长沙：湖南大学, 2011.

［100］李伯涛. 碳定价的政策工具选择争论：一个文献综述［J］. 经济评论, 2012（2）：153－160.

［101］EL KHATIB S T. Oligopolistic Electricity Markets Under Cap－and－trade and Carbon Tax［M］. McGill University Library, 2011.

［102］万敏. 碳税与碳交易政策对电力行业影响的实证分析［D］. 南昌：江西财经大学, 2012.

［103］STRAND J. Strategic climate policy with offsets and incomplete abatement：Carbon taxes versus cap－and－trade［J］. Journal of Environmental Economics and Management, 2013, 66（2）：202－218.

［104］张巧良，丁相安，宋文博. 碳税与碳排放权交易政策微观经济后果的比较研究［J］. 商业会计, 2014（17）：16－19.

［105］BRISTOW ABIGAIL L, MARK WARDMAN, ALBERTO M Zanni, et al. Public acceptability of personal carbon trading and carbon tax［J］. Ecological Economics, 2010, 69（9）：1824－1837.

［106］SORRELL S, SIJM J. Carbon trading in the policy mix［J］. Oxford Review of Economic Policy, 2003, 19（3）：420－437.

［107］LEE C F, LIN S J, LEWIS C. Analysis of the impacts of combining carbon taxation and emission trading on different industry sectors［J］. Energy Policy, 2008, 36（2）：722－729.

［108］顾成昌．碳交易与碳税：两种碳减排措施的比较分析［D］．上海：上海社会科学院，2011.

［109］俞业夔，李林军，李文江，等．中国碳减排政策的适用性比较研究：碳税与碳交易［J］．生态经济，2014（5）：77－81.

［110］王京安，韩立．碳税与碳排放权交易制度对比分析［J］．商业研究，2013（7）：21－27.

［111］王灿，陈吉宁，邹骥．基于CGE模型的CO_2减排对中国经济的影响［J］．清华大学学报（自然科学版），2005（12）：1621－1624.

［112］曹静．走低碳发展之路：中国碳税政策的设计及CGE模型分析［J］．金融研究，2009（12）：19－29.

［113］姚昕，刘希颖．基于增长视角的中国最优碳税研究［J］．经济研究，2010（11）：48－58.

［114］刘伯酉．碳税与碳交易：比较、国际实践及启示［J］．金融纵横，2013（9）：36－39.

［115］刘小川，汪曾涛．二氧化碳减排政策比较以及我国的优化选择［J］．上海财经大学学报，2009（4）：73－80，88.

［116］郑爽，窦勇．利用经济手段应对气候变化：碳税与碳交易对比分析［J］．中国能源，2013（10）：11－15.

［117］王陟昀．碳排放权交易模式比较研究与中国碳排放权市场设计［D］．长沙：中南大学，2012.

［118］LEONTIEF W W. Quantitative input and output relations in the economic systems of the United States［J］. the Review of Economic Statistics, 1936, 18（3）：105－125.

［119］BP. BP statistical review of world energy 2013.［EB/OL］. http：//www. bp. com/content/dam/bp/pdf/statisticaleview/statistical_ review_ of_ world_ energy_2013. pdf.

［120］ZHANG Y, ZHANG J, YANG Z, et al. Regional differences in the factors that influence China's energy－related carbon emissions, and potential mitigation strategies［J］. Energy Policy, 2011, 39（12）：7712－7718.

［121］陈跃，王文涛，范英．区域低碳经济发展评价研究综述［J］．中国人口·资源与环境，2013（4）：124－130.

［122］杨骞，刘华军．中国二氧化碳排放的区域差异分解及影响因素：基于1995—2009年省际面板数据的研究［J］．数量经济技术经济研究，2012（5）：36－49，148.

［123］杜立民．我国二氧化碳排放的影响因素：基于省级面板数据的研究［J］．南方经济，2010（11）：20－33.

[124] 何建坤，苏明山．应对全球气候变化下的碳生产率分析 [J]．中国软科学，2009
      (10)：42 – 47，147.

[125] 付加锋，庄贵阳，高庆先．低碳经济的概念辨识及评价指标体系构建 [J]．中国人
      口·资源与环境，2010 (8)：38 – 43.

[126] 高峰，廖小平．低碳发展能力及其评价：以湖南省为例 [J]．系统工程，2013
      (6)：108 – 114.

[127] 胡林林，贾俊松，毛端谦，等．基于 FAHP – TOPSIS 法的我国省域低碳发展水平评
      价 [J]．生态学报，2013 (20)：6652 – 6661.

[128] FRIED H O, LOVELL C K, SCHMIDT S S. The measurement of productive efficiency and
      productivity growth [M]. Oxford University Press, 2008.

[129] 曾珍香，顾培亮，张闽．DEA 方法在可持续发展评价中的应用 [J]．系统工程理论
      与实践，2000 (8)：114 – 118.

[130] 王俊能，许振成，胡习邦，等．基于 DEA 理论的中国区域环境效率分析 [J]．中国
      环境科学，2010 (4)：565 – 570.

[131] 杨青山，张郁，李雅军．基于 DEA 的东北地区城市群环境效率评价 [J]．经济地
      理，2012 (9)：51 – 55，60.

[132] SCHEEL H. Undesirable Outputs in Efficiency Valuations [J]. European Journal of Opera-
      tional Research, 2001 (132)：400 – 410.

[133] 付丽娜，陈晓红，冷智花．基于超效率 DEA 模型的城市群生态效率研究：以长株潭
      "3 + 5" 城市群为例 [J]．中国人口·资源与环境，2013 (4)：169 – 175.

[134] 黄宗盛，刘盾，胡培．基于粗糙集和 DEA 方法的低碳经济评价模型 [J]．软科学，
      2014 (3)：16 – 20.

[135] ZHOU P, ANG B W, POH K L. Slacks – based Efficiency Measures for Modeling Environ-
      mental Performance [J]. Ecological Economics, 2006 (60)：111 – 118.

[136] ZHOU P, ANG B W, POH K L. A survey of data envelopment analysis in energy and environ-
      mental studies [J]. European Journal of Operational Research, 2008, 189 (1)：1 – 18.

[137] SOLOMON S. Climate change 2007 – the physical science basis：Working group I contribu-
      tion to the fourth assessment report of the IPCC (Vol. 4) [M]. Cambridge, United King-
      dom：Cambridge University Press, 2007.

[138] Y KAYA, K YOKOBORI. Environment, Energy and Economy；Strategies for Sustainability
      [M]. United Nations University Press, 1997.

[139] WANG L, CHEN Z, MA D, et al. Measuring Carbon Emissions Performance in 123 Coun-

tries：Application of Minimum Distance to the Strong Efficiency Frontier Analysis ［J］. Sustainability，2013，5（12）：5319 – 5332.

［140］ TONE K. A Slacks – based Measure of Efficiency in Data Envelopment Analysis ［J］. European Journal of Operational Research，2001（130）：498 – 509.

［141］ TONE K，TSUTSUI M. Applying an Efficiency Measure of Desirable and Undesirable Outputs in DEA to U. S. Electric Utilities ［J］. Journal of CENTRUM Cathedra，2011，4（2）：236 – 249.

［142］ CHARNES A，COOPER W W. Programming with linear fractional functionals ［J］. Naval Research Logistics Quarterly，1962，9（3 – 4）：181 – 186.

［143］ 单豪杰. 中国资本存量 K 的再估算：1952—2006 年 ［J］. 数量经济技术经济研究，2008（10）：17 – 31.

［144］ WU L，KANEKO S，MATSUOKA S. Driving forces behind the stagnancy of China's energy – related CO_2 emissions from 1996 to 1999：the relative importance of structural change，intensity change and scale change ［J］. Energy Policy，2005，33（3）：319 – 335.

［145］ LIU L C，FAN Y，WU G，et al. Using LMDI method to analyze the change of China's industrial CO_2 emissions from final fuel use：An empirical analysis ［J］. Energy Policy，2007，35（11）：5892 – 5900.

［146］ LEVINE M D，ADEN N T. Global carbon emissions in the coming decades：the case of China ［J］. Annual Review of Environment and Resources，2008（33）：19 – 38.

［147］ DHAKAL S. Urban energy use and carbon emissions from cities in China and policy implications ［J］. Energy Policy，2009，37（11）：4208 – 4219.

［148］ ANG J B. CO_2 emissions，research and technology transfer in China ［J］. Ecological Economics，2009，68（10）：2658 – 2665.

［149］ FISHER – VANDEN K，SUE WING I. Accounting for quality：Issues with modeling the impact of R&D on economic growth and carbon emissions in developing economies ［J］. Energy Economics，2008，30（6）：2771 – 2784.

［150］ YAN Y F，YANG L K. China's foreign trade and climate change：A case study of CO_2 emissions ［J］. Energy Policy，2010，38（1）：350 – 356.

［151］ ZHANG Z X. Who should bear the cost of China's carbon emissions embodied in goods for exports? ［J］. Mineral Economics，2012，24（2 – 3）：103 – 117.

［152］ HE J，DENG J，SU M. CO_2 emission from China's energy sector and strategy for its control ［J］. Energy，2010，35（11）：4494 – 4498.

［153］FRONDEL M. Empirical assessment of energy – price policies：the case for cross – price e-
       lasticities ［J］. Energy Policy，2004，32（8）：989 – 1000.

［154］MA H，OXLEY L，GIBSON J. Substitution possibilities and determinants of energy intensi-
       ty for China ［J］. Energy Policy，2009，37（5）：1793 – 1804.

［155］于立宏，贺媛. 能源替代弹性与中国经济结构调整 ［J］. 中国工业经济，2013（4）：
       30 – 42.